国家自然科学青年基金(11702296)

国家科技重大专项(2016ZX05046-003)　　联合资助

中央高校基本科研业务费项目

裂缝型致密油气储层微观渗流规律

杨　柳　张旭辉　鲁晓兵

高　建　鲁　力　刘海娇　吴岱峰　　著

石油工业出版社

内 容 提 要

本书对裂缝型致密油气储层微观渗流规律进行了重新认识和思考，概述了致密油气储层特征，总结了油气水多相渗流机理，分析了长岩心驱替规律，介绍了孔隙网络模型和格子玻尔兹曼模型在孔隙—裂缝微观渗流中的应用。

本书可供高等石油院校相关专业师生、石油现场工程师阅读，也可供科研机构从事相关研究的科研人员参考。

图书在版编目(CIP)数据

裂缝型致密油气储层微观渗流规律／杨柳等著．—
北京：石油工业出版社，2020.5
ISBN 978-7-5183-3923-5

Ⅰ．①裂… Ⅱ．①杨… Ⅲ．①裂缝性油气藏-渗流-研究 Ⅳ．①TE344

中国版本图书馆 CIP 数据核字(2020)第 040009 号

出版发行：石油工业出版社
　　　　　(北京安定门外安华里 2 区 1 号楼　100011)
　　　　　网　　址：www.petropub.com
　　　　　编辑部：(010)64243881　图书营销中心：(010)64523633
经　　销：全国新华书店
印　　刷：北京晨旭印刷厂

2020 年 5 月第 1 版　2020 年 5 月第 1 次印刷
787×1092 毫米　开本：1/16　印张：8.5
字数：170 千字

定价：80.00 元

前　言

致密油气储层是典型边际油气资源，最显著的特点是低孔隙度、低渗透率、难动用，这与其复杂的微观孔隙结构关系密切。致密油气储层孔隙处于微纳米级别，并广泛发育微裂缝。孔隙—裂缝内的多相渗流是致密油气层开采中的关键科学问题。一方面，流体通过纳米级—微米级—毫米级孔隙渗流进入裂缝中，极大地提高了渗流复杂度；另一方面，微裂缝具有较低的阻力，易引起流体优先通过裂缝，导致窜流，大幅度降低驱油效率。分析孔隙—裂缝内的微观渗流规律对认识衰竭式开采规律、优化开采工艺和提高致密油气采收率具有重要意义。

笔者长期从事非常规油气相关岩石力学和渗流力学问题研究，尤其是致密油气储层微观尺度渗流方面的研究，基于多年研究成果及工作实践撰写了本书。本书共分为 8 章，第 1 章介绍了国内外多孔介质渗流的研究进展；第 2 章分析了裂缝型致密油气储层的特征；第 3 章重点介绍了水蒸气在孔隙中的吸附特征；第 4 章和第 5 章介绍了多相渗流规律及影响因素；第 6 章分析了长岩心多相渗流过程中的压力分布规律；第 7 章简要介绍了格子玻尔兹曼方法模拟孔隙内渗流规律；第 8 章重点分析了孔隙—裂缝内的微观渗流规律。

本书主要由多家单位的专家学者共同完成。第 1 章、第 4 章、第 5 章和第 8 章由中国科学院力学研究所、中国科学院大学工程科学学院的鲁晓兵、张旭辉、刘海娇和吴岱峰编写；第 2 章、第 3 章、第 6 章和第 7 章由中国矿业大学（北京）的杨柳、鲁力和中国石油勘探开发研究院的高建编写。

由于笔者水平有限，书中难免有不妥和疏漏之处，敬请读者批评指正！

目　　录

第1章 绪 论

1.1 致密储层渗流研究背景

"十二五"期间，中国探明油气地质储量达到了历史性高度，其中石油储量增长稳定，天然气储量增长迅速，非常规油气储量获得重大突破，主要包括：四川盆地的涪陵、长宁和威远页岩气的探明储量，鄂尔多斯盆地的新安边致密油探明储量，吐哈盆地牛东油田致密油探明储量以及沁水盆地和鄂尔多斯盆地的煤层气探明储量等[1]。值得注意的是，非常规油气在新增油气储量中占比巨大，在油气开采过程中受到了越来越多的重视。非常规油气虽然储量可观，但因其独有的"低丰度、致密、深埋藏、难动用"特点，目前开发受到限制。因此，需要发挥科研力量，探索新的开采方法和开采手段，对已探明的"低品位"非常规油气进行有效的开发。

非常规油气藏开采难度大，一般需要通过大规模的增产措施（如水力压裂）或其他特殊的手段才能实现商业性质的生产开发。在国际通用的油气资源/储量分类体系中对非常规油气藏做了定义：非常规油气藏是存在于面积广阔且受水动力影响很小的油藏（也称为连续型矿床）中的一种油气资源，例如致密气、煤层气、页岩气、天然气水合物、致密油层、重油油层、油页岩等。

第一，在成藏和致密的先后顺序方面，常规油气藏的成藏时间一般为成岩早期或中期。常规油气藏储层的岩石组分中抗压成分含量较多，如石英、长石等，且岩屑含量低，储层不容易被压实。其所含孔隙以原生孔为主，孔隙间以短喉道连接，孔隙之间连通性强，孔隙度大，渗透率高。若致密时间早于成藏时间，一般形成非常规油气储层，多为深盆油气藏或准连续型油气藏。非常规油气藏因其组成成分中缺少抗压矿物，如石英等，在成岩作用过程中容易被压实，成藏多处于成岩的中晚期阶段，因此多以次生孔隙为主，喉道呈席状、弯曲片状等。此类油气藏孔隙度低，因其特有喉道结构连通性差，渗透率也极低。以鄂尔多斯盆地三叠系长 7 段致密油储层、古龙南凹陷葡萄花油层致密油储层、四川盆地上三叠统须家河组、松辽盆地青山口组和塔里木盆地志留系等多处致密油储层为例[2]，非常规油气藏储层特点为埋藏深度大，主要存储空间为孔喉，孔喉尺度为微纳米级尺度，孔喉之间的连通性差，天然微裂隙发育，储层非均质性强等。

第二，储层物性特征方面，非常规油气中包含多重尺度的孔穴和喉道，其量级以纳米级、微米级为主，并发育有大孔隙，所包含的孔隙类型多种多样，既有粒间溶蚀微孔、原生微孔，又有粒内原生微孔，还有含有机质的微孔与晶间微孔，并伴生有大量的微裂隙。其微观孔穴和喉道的几何结构复杂，一方面使得储层多为致密储层，另一方面微观结构中的油气难以被动用。非常规油气储层致密，其储层岩性复杂，主要为致密砂岩和页岩，也有石灰岩、煤以及混积岩等，储层岩石总体上物性差，油气流动性差，可被动用的有效储层在油田整体占比小，孔隙度一般为 1.0%～19.0%，平均在 11% 左右，渗透率在 0.001～10mD 范围，平均值在 0.82mD 左右。因此，在油气开发中需要使用人工压裂，制造人工缝网，同时用加压水驱、蒸汽驱、聚合物驱等方式提高微观结构中的油气流动，以达到提高产量的目的。图 1.1 为页岩储层的孔隙结构扫描电子显微镜（SEM）扫描成像图，其间发育有纳米级尺度的粒内溶孔和黏土矿物晶间孔，微纳米级尺度的粒间孔和有机孔，其中以微纳米级尺度的粒间孔和有机孔隙为主，并伴生纳米级尺度的粒内孔和黏土矿物晶间孔。

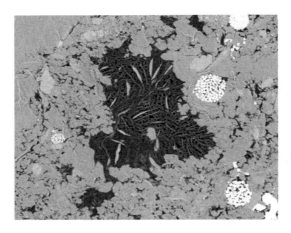

图 1.1　龙马溪组孔隙结构 SEM 扫描成像图

第三，天然微裂隙发育情况。伴随着宏观地质构造作用，天然微裂隙通常以低角度构造的平行微裂隙为主，当存在软弱夹层或出现大的构造应力变化时也会出现交叉微裂隙，微裂隙类型主要为张性或张扭性，微裂隙内多充填碳质、泥质或沥青质。非常规油气储层通常发育有丰富的微裂隙，在地层超高压作用下微裂隙多处于闭合状态，在生产过程中通常需要对储层进行加压水驱或气驱等，随着注入压力的增加，微裂隙两端的压差使其达到开裂扩展的条件，从而形成新的渗流通道。微裂隙的开度决定了微裂隙中流体的特征，开度小于某一临界值时，微裂隙中流体表现出非牛顿流体特性，而微裂隙的开度由上覆压力、孔压、储层强度、开裂压力和应力敏感性等因素共同决定，这一过程伴随着多物理场的耦合，非常复杂。非常规油气的开发离不开人工压裂，人工缝网与天然微裂隙共同作用，使储层形成基质孔隙、天然微裂隙和人工裂缝网络共同渗流的双重多孔介质。裂隙网络给油气运移提供了更多的渗流通道，但是双重多孔介质中裂隙网络分布的随机性和微观渗流的复杂性又给非常规油气的开采带来了很大的挑战。裂缝型油气藏对注入水压特别敏感，当注水压力大于裂缝的延伸压力时，注水过程极易出现水窜、水淹和套管变形等灾害。正确认识微裂隙分布规律，以及微裂隙对人工压裂缝网和微观渗流的影响至关重要。

第四，人工压裂对于非常规油气的开发至关重要。只有少数储层在钻井完成后直接投入生产，大多数储层需要经过压力、酸化和驱替等手段对储层进行改造后再投入生产。人工压裂技术是提高油气产量的关键技术，美国页岩气产量的快速提高就是成功地运用了水力压裂技术。中国页岩气资源潜力非常巨大，但页岩气的开发仍然处于起步阶段。中国需要加大对人工压裂技术的重视和投入，以促进页岩气开发。人工压裂技术不止能有效地提高页岩气储层的产量，而且对其他非常规油气田的开发也非常重要。人工压裂技术复杂，为了取得良好的压裂效果，需要经过几个必不可少的步骤，包括：(1)压裂设计，通过模拟实验预测裂缝的走向、发育宽度和长度等，并通过有效的评价方法，对压裂模拟效果进行评价。(2)裂缝监测，微地震是人工压裂中最主要的监测手段，其原理为人工压裂过程中，裂缝周围的天然裂缝、层理面等薄弱层面的稳定性受到影响，容易发生剪切滑移，产生类似于沿断层发生的微地震或微天然地震。微地震的发生会辐射出高频率弹性波，运用精密仪器对弹性波信号进行探测，并对震源数据进行处理，即可获得所产生的诱导裂缝的方位、几何形态等，微地震数据是人工压裂效果的有效评价手段。

第五，启动压力和应力敏感性问题。由于岩石孔喉复杂、孔隙中流体介质的非牛顿流体特性等原因，实验中常存在油相和气相渗透率滞后的现象，据此推断出启动压力的存在。在注水开采过程中注入压力大于启动压力时，才会发生流动，这一现象在非常规油气储层中更加明显[3]。启动压力的存在会明显改变渗流规律。目前还没有取得关于启动压力的共识，部分学者认为当压力梯度大于启动压力梯度时液体的流动符合达西定律，部分学者认为拟压力梯度是渗流能力和非线性化程度的表征，由孔喉结构、储层物性和固液作用共同决定，清楚地认识启动压力对于储层尤其是非常规油气储层的有效开发是非常重要的。应力敏感性是储层渗透率随着有效应力的变化而变化的现象，在衰竭式开采当中伴随油气的采出，地应力减小，储层岩石所受有效应力增加，会产生明显的应力敏感现象。应力敏感性的影响因素有很多，内因主要有岩石组分、孔隙类型、胶结方式、微裂隙含量和颗粒分选性与接触关系等；外因主要有有效应力、孔隙流体类型以及饱和度、储层温度等。通常情况下，需要进行室内实验来研究应力敏感现象，室内实验中对应力敏感性评价结果的主要影响因素有加载方式(变内压或变围压)、实验用流体以及实验设备和仪器等。非常规油气藏中由于微裂隙存在、抗压成分含量少等因素影响，储层渗透率随有效应力变化的应力敏感性更加明显。

综上所述，非常规油气层的成岩特点、储层物性特点，以及天然微裂隙发育，开采中人工缝网与原有天然微裂隙复杂作用，启动压力和应力敏感性等特点，决定了其与常规油气储层中油气赋存状态、微观流动机理、应力敏感性、油气运移、油气动用等多方面的差异。

1.2 双重多孔介质

双重多孔介质是指储层的孔隙裂隙结构表现为多重尺度，其孔隙空间包含基质孔穴、喉道和裂隙的多孔介质。其中：基质孔穴为岩石颗粒之间较大的空间，主要作用是储存油气；喉道是岩石颗粒之间狭长的几何空间，其作用是连通孔穴为油气运移提供流动通道；裂隙是几何尺寸远大于喉道的狭长通道，提供了主要的油气渗流通道。另外，由于喉道的几何尺寸远小于裂隙，喉道中的渗透率往往小于裂隙网络中的渗透率。

裂隙的分布、长度、宽度、表面粗糙度和曲度等几何特征相对复杂，在渗流过程中随着油气的产出，岩石骨架承受的有效应力变化又会导致岩石中的微裂隙发生开裂或闭合。因此，双重多孔介质的渗流规律也更加复杂，可以看到裂隙的长度、宽度、曲度和密度等均涉及不同的尺度。

目前涉及双重多孔介质的研究很多，其中注重裂缝单元的研究有裂缝几何属性方面的研究、单裂缝渗流特征研究、裂缝网络渗流研究等；注重基质网络与裂隙之间相互作用的研究有多种多孔介质计算模型的研究。

1.2.1 裂缝几何属性

裂缝的分布特征和几何形态是双重多孔介质中渗流的关键影响因素。但是裂缝散乱分布在介质的内部，无法用肉眼直接观测。随着科技的进步，目前已经有大量先进仪器可以探测到裂缝信息，为裂缝研究工作提供了大量真实的基础数据。目前主要有核磁共振成像、电阻率成像、超声波以及微地震监测等，很多学者也建立了大量的模拟方法来模拟裂缝的分布或生成，主要有蒙特卡罗模拟、蚁群算法和神经网络法等。

裂缝的几何参数主要有裂缝的走向、开度、粗糙度、平面形状和长度。由于裂缝粗糙度的影响，裂缝的局部开度往往有很大差别，研究发现裂缝开度的实测值变化大，开度量级范围从纳米级到厘米级均有分布，跨尺度的开度范围给研究工作带来了很大的挑战，但通过大量的直接测量发现裂缝的开度其实满足一定的分布。尽管大量学者对裂缝的开度进行了研究，并获得了各种分布规律，但由于裂缝开度量级差别大，使得现代仪器无法精确分辨和测量所有尺度的裂缝开度。这些研究也表明，裂缝的开度并不满足同一种分布，这可能与岩石类型、储层类型、加载方式等有关。裂缝迹线长度也是裂缝的关键几何参数。

研究表明，裂缝迹线长度也符合一定的分布，其中大部分满足幂律分布；同时，也有相关学者研究发现了其他形式的分布，如正态分布、伽马分布和指数分布等。在众多模型中有关分形—幂律分布的研究最多，自然界中的裂缝长度虽然是无序和随机的，但大量的统计数据分析表明，裂缝长度表现出一定的分形特点，可表述为：

$$N(\geq l) \propto l^{-D_\mathrm{F}} \tag{1.1}$$

式中，D_F 为分形维数；l 为裂缝迹线长度。

研究者对不同地区的裂缝迹线长度进行了研究，另一个研究热点是裂缝开度和裂缝长度之间的关系，其关系式通常表达为：

$$\alpha = \beta l^n \tag{1.2}$$

式中，α 为裂缝有效开度；l 为裂缝长度；β 为比例常数；n 为幂指数。

比例常数的范围通常在 $10^{-3} \sim 10^{-1}$ 之间，其取值与裂缝周围基质的力学性质有关。幂指数表示裂缝网络的分形和自相似特点，其值取决于裂缝网络的分形特征，范围通常在 $0.50 \sim 2.0$ 之间。

1.2.2 裂缝渗流特性

含裂缝网络的双重多孔介质中的渗流非常复杂，目前常用的做法是对裂缝进行一定的简化，忽略其次要因素，针对其主要因素进行研究，之后再根据实际对理论进行修正。

20 世纪 50 年代，根据苏联科学家 Lomize[4] 提出的立方定律，建立了裂缝渗流的最初理论，通过单裂缝水流实验获得了通过单位缝宽流率和裂缝参数之间的关系：

$$q = \frac{a^3}{12\mu} \frac{\Delta p}{L} \tag{1.3}$$

式中，q 为流体的流动速率；μ 为流体的运动黏度系数；a 为裂缝开度；Δp 为裂缝两端压差；L 为裂缝长度。

立方定律涉及很多假设，主要有：流体不可压缩；裂缝表面光滑、平行且无限长；流体流动状态为层流；壁面无滑移。结合实际情况，研究人员考虑不同因素对这一定律进行了修正，包括经典的粗糙系数修正方法、JRC 修正法、分形理论及面积接触率修正法、裂缝面粗糙性修正法、频率隙宽表示、局部立方准则等。

立方定律是单缝中流体流动的主要规律，这一定律适用于层流情况下的计算。在实际应用中需要根据实际需要对公式进行修正，对随机裂缝的开度进行更加准确的修正。相比于单裂缝的研究进展，多裂缝情况下的岩石渗流研究进展缓慢。由于裂缝尺寸的千差万别导致多裂缝存在情况下的渗流更加复杂，目前，更多的是采用建立渗流模型等数学手段进行研究，包括等效连续体模型、离散网络模型以及混合模型。

（1）等效连续体模型。

等效多孔介质模型不能准确地预测由于大量裂缝的存在而导致的采油早期阶段石油的

自由面下降情况，于是出于裂缝油气储层描述的需要，双重介质模型作为等效连续体模型的一种形式被提出。该模型认为，裂缝是油气藏开采过程中主要的传输通道，其渗透性远大于多孔基质；而多孔基质则是油气的主要存储空间，其孔隙度远大于裂缝的孔隙度。因此，基质孔隙和裂缝是两个彼此独立而又相互联系的水动力学系统。这两个系统都被看作连续体，有各自的孔隙度和渗透率。

连续介质渗流规律的基本方程一般需要用到表征单元体来表征。表征单元体又称为REV，是指能代表研究区域的单元体，这一单元体既能将研究过程最大限度上简化，又能在误差范围内获得相对准确的结果。因此，表征单元体在等效连续体模型中至关重要。很多研究者对等效连续体模型进行了不同程度的修正，并提出了不同条件下的使用模型。用不同渗透率的薄层分别代表裂隙和基质。

（2）离散网络模型。

等效连续体模型模拟裂缝渗流在之前应用广泛，但其缺点是裂缝岩石的一些性质（如裂缝半径、密度、导水性、产状等）对于岩石中流体运动和溶质运移的影响被忽略，这些性质会导致裂缝岩石渗流的非均质性，因此不能被平均。另外，对于不存在 REV 或 REV 很大的研究域会带来不适合的解。离散网络模型在解决裂缝岩石特性方面有着重要的应用，也越来越多地受到关注。

离散网络模型的主要思想是：二维离散网络中采用线，三维离散网络中采用平面来表示裂隙。该模型假设仅在裂隙中发生流动，既考虑了裂隙的连通，又考虑了裂隙之间的交叉，还包括了基质网络与裂隙网络之间的扩散作用。

建立离散网络模型需要明确计算区域的裂隙空间分布，计算区域内每条裂隙的几何参数信息（包括宽度、长度、位置和密度等），以及各个裂隙之间的交叉和连通方式等信息。以上有关的裂隙信息均可以通过成熟的测图方法和裂隙识别方法获得。

可揭示流体在裂隙中流动的局部细节是离散网络模型的优点。若不考虑基质网络，该模型中裂隙网络中的流动与真实情况接近。然而，大多数现有离散模型，被看作等效裂隙介质模型，这一类模型忽略了双重多孔介质中岩块基质（即岩石基质、骨架或孔隙体）与岩隙（即岩石裂隙或裂隙体）之间的流体交换。

另外，与单重、多重连续介质模型不同的是，离散网络模型多用于单相流模拟。例如，离散网络模型在地下水渗流和污染物运移领域的应用非常普遍，但由于求解计算比较困难，其很少被应用于多相流模拟。目前，已有很多研究工作使用离散网络模型进行裂缝岩石渗流的研究，并且也在解决工程实际问题上取得了一定的成功。但是模拟工程尺度上三维裂缝网络中的渗流，需要占用大量的计算机内存和时间，现有的分析基本局限于小尺度问题。

1.3 多孔介质计算模型

目前，关于非常规油气储层的渗流实验更多的是进行定性的研究，无法考虑微观渗流机制的影响，因此所获得的结论多为宏观规律。

随着计算机技术的迅速发展，多孔介质中微观渗流模拟技术获得了极大的发展，国内外学者针对微纳米级尺度的多孔介质渗流投入了大量的研究，主要包括分子尺度、介观尺度和次孔隙尺度下的模拟。

1.3.1 分子尺度及介观尺度渗流模型

分子动力学研究方法的原理是：对符合经典牛顿力学规律的粒子系统，通过求解粒子的动力学方程，得到粒子的运动规律，并运用统计物理计算该系统的宏观物理参数。从统计物理上，可以将分子动力学模拟划分为平衡态分子动力学模拟和非平衡态分子动力学模拟。运用分子动力学方法进行研究的过程中计算量巨大，在多孔介质渗流模拟过程中应用该方法更多的是基于简单流体在简化的微孔内扩散。

格子玻尔兹曼方法可以处理复杂边界条件下流动现象的微观渗流模拟技术。其中，格子玻尔兹曼方法是以格子玻尔兹曼方程为基础建立模型，该方法目前在微观渗流模拟规律研究中取得了很大进展。该模型研究了壁面滑移对松弛时间的重要影响，利用该方法捕捉微通道流动的基本行为包括速度滑移、沿通道的非线性压降以及随克努森数的质量流量变化等。国内也有不少学者利用格子玻尔兹曼方法建立三维数字岩心，并对页岩气中的微观渗流规律进行了相关模拟[5]。格子玻尔兹曼模型在模拟存在壁面滑移和描述粒子行为方面具有明显优势，因此在模拟页岩气和致密气的微观渗流方面应用较多。

利用分子尺度和介观尺度下的模型对多孔介质微观渗流模拟进行研究的过程，计算量非常大，对计算机的要求非常高。模拟油藏储层中复杂的两相或多相渗流的过程存在较大困难。因此，国内外学者对于次孔隙尺度下的多孔介质微观渗流模拟的研究更加地广泛和深入。

1.3.2 孔隙网络模型

孔隙尺度建模是利用逾渗理论，根据实测的岩心数据(例如孔隙结构)和流体参数(例如流体黏度、密度等)建立孔穴—喉道网络，预测实验条件和现场条件下难以测量的性质，例如相对渗透率、驱替相波及范围等。该模型可以很好地预测孔隙结构或流体性质的变化导致的流动特性变化。

孔隙网络模型是一种基于入侵逾渗理论建立的模型。模型的建立是通过压汞实验、核磁共振实验、计算机断层扫描（CT）实验或 SEM 获得岩石的孔隙结构（包括孔喉半径分布、孔喉形状、连通性等），并将这些真实的孔隙结构抽象为理想几何形状，使得孔隙网络模型符合真实岩心的孔喉结构特征。利用孔隙网络模型可以模拟真实岩心中的流体流动机制，其基本思路是以孔隙介质中的微观渗流物理机制赋予模型，研究孔隙介质中的渗流及驱替规律，从而模拟渗流过程，并定量预测一些渗流参数。通过对真实岩心进行微米 CT 扫描，对 CT 图像进行分割获得的数字岩心和提取真实岩心孔喉结构之后建立的孔隙网络模型如图 1.2 所示。

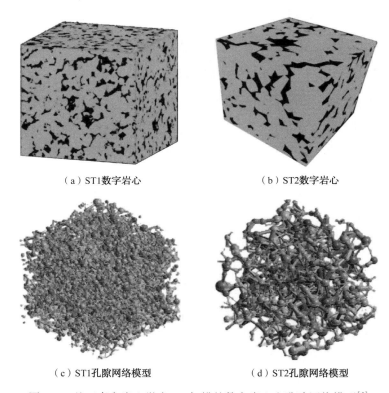

（a）ST1数字岩心　　　　　　　　　　（b）ST2数字岩心

（c）ST1孔隙网络模型　　　　　　　　（d）ST2孔隙网络模型

图 1.2　基于真实岩心微米 CT 扫描的数字岩心和孔隙网络模型[6]

在模型中以圆柱形毛细管表示喉道单元，毛细管相互连接成不同的网络形状，如正方形、六边形、双重六边形甚至三重六边形等，并将毛细管依次编号，毛细管半径的大小和数目均按随机方式分布。在该模型中提出了两相驱替假设，即假设驱替开始时毛细管完全被湿相流体充填，非湿相在压差作用下从边界处进入孔隙网络并驱替毛细管中的湿相，网络边界上最大半径的毛细管驱替压力最小，因此，该毛细管内的润湿相逸出，随着驱替进行依次判断，直到驱替结束。

入侵逾渗（Invasion Percolation）概念，是孔隙网络模型中的最主要的算法。入侵逾渗研究了由一种液体驱替另一种液体时的驱替顺序问题，即多孔介质中喉道存在毛细管力作用，原则上液体沿着阻力最小的路径入侵。这一算法目前广泛应用在两相渗流和地下水文等领域。孔隙网络模型中流体的流动假设为泊肃叶流动。泊肃叶流动是 19 世纪哈根和泊肃叶得出的无限长直圆管中的层流流动规律。当孔隙网络模型中孔隙和喉道的长度和半径可以反映真实岩石中的孔隙和喉道的形状，并且孔隙网络模型中流体的基本参数与真实的流体参数相吻合的时候，模型即可以有效地模拟真实岩心孔隙流体中的流动。目前，孔隙网络模型主要有静态模型、准静态模型和动态模型三种。静态模型，忽略网络两端的黏性压降，毛细管压力控制流体驱替路径，该模型实际上可看作以孔喉半径为权值的图论模型。准静态孔隙网络模型，基于入侵逾渗理论，将真实的孔隙结构抽象为理想几何形状，考虑单相和两相流动规律以及毛细管压力作用，驱替顺序由喉道两端的压差与毛细管压力的差值大小决定，能够研究孔隙结构对微观流动的影响。动态网络模型可以捕捉两相界面的位置，黏滞力不可忽略，流体的驱替形式由毛细管压力和黏滞力竞争决定。两相不可压缩流中的黏滞力与毛细管压力之比用无量纲毛细管数 N_c 表示，这一相似准数在两相不可压缩流中具有重要意义。研究表明，在多孔介质两相流动中，当毛细管压力作用超过黏滞力作用时，流动将从活塞式流动转换成指进式流动。

但是，孔隙网络模型过于理想化，PNM 无法进行致密储层中的各向异性、多尺度孔隙以及存在裂隙等结构情况下的微观渗流问题模拟。跨尺度孔隙模拟、多物理场耦合问题以及计算尺寸扩展问题都还迫切需要解决。

1.3.3 分形网络模型

岩石属于多孔介质，孔隙结构具有一定的分形特征。分形理论能够很大程度上简化岩石结构的描述过程。此外，分形方法还可以用于描述多孔介质输运特征，将分形维数作为表征迂曲度的重要参数。J. Cai 等[7]将分形理论用于分析自吸模型，获得了解析解。复杂分形孔隙网络模型的基础单元为树状分叉模型，可基于树状分叉结构建立渗流模型，并进行求解，可以获得解析解。进而分析孔隙度、渗透率、润湿性、界面张力、流体黏度及迂曲度等因素的影响(图 1.3)。

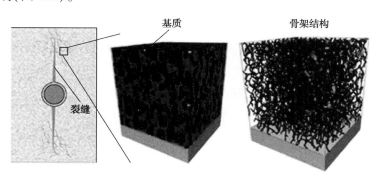

图 1.3 分形网络模型[8]

1.4 微观显示技术应用

随着对非常规油气储层研究的不断深入，认识到对该类储层微观结构的探究将对油气藏有效开采起到重要的影响。因此，微观显示技术的发展和应用在非常规油气储层研究中得到了极大的关注。

目前，微观显示技术在室内岩心实验研究中应用广泛，一方面通过诸多微观显示技术可以获得岩石的微观结构(孔径分布、连通性、微裂隙分布等)以及岩石骨架的矿物组成等岩石矿物的微观参数(孔隙类型、孔隙充填物、矿物含量等)；另一方面通过对储层中流体的识别和实时观测可以真实反映岩心内部流体在岩心中的实时分布和孔隙流体的微观动用特征等。

在众多微观显示技术中，SEM 扫描成像技术、FIB/SEM 扫描成像技术、CT 扫描成像技术和核磁共振技术的应用最为广泛。

1.4.1 SEM 和 FIB/SEM 扫描成像技术

SEM(Scanning Electron Microscope)扫描成像技术是利用电子加速和聚焦在样品表面产生高分辨率图像的技术。FIB(Focused Ion Beam)聚焦离子束系统则是使用离子代替电子，其主要后果就是发生在样品表面的相互作用。同样的能量下，离子获得的动量约为 370 倍电子获得的动量。FIB/SEM 为聚焦离子束与扫描电镜双束系统，20 世纪 90 年代商业用途的双束系统问世，并且通过不断将该系统与各种探测设备以及测试装置等集成，目前已经发展成为一个功能强大，汇集了操纵、加工、微区成像和分析于一体的大型综合性的表征与分析设备。其最初的应用范围为半导体行业，如今已经拓展至生命科学、油气藏开发和材料科学等众多学科及应用领域。

目前，该技术在油气藏开发过程中的重要应用主要包括岩石矿物成分的成像和分析，岩石孔隙结构的成像和分析，与 CT 等微观显示设备结合以获得不同尺度下更加全面的岩心孔隙结构数据，提取孔隙结构建立数字岩心等。

FIB/SEM 研究方法是利用反射射线能谱信息，基于矿物的能谱数据库对比，将不同的矿物表示成不同的颜色而形成的岩心矿物成分和分布信息成像图。该技术在油气藏开采，特别是非常规油气藏开采中拥有重要的应用前景，包括对岩心矿物含量评定，获得储层岩石物性和储层岩心脆性分层数据等。SEM 获得多孔介质的孔隙结构成像图，并通过对图像的叠加和处理将二维图像进行重构，形成完整的三维孔隙结构图。目前，利用该技术进行多孔介质三维重建，形成数字岩心的孔隙结构，并利用孔隙网络模型对多孔介质中的微观流动进行模拟的研究方式已获得国内外学者极大的关注。

1.4.2 CT 扫描成像技术

CT 扫描成像技术是利用 X 射线、γ 射线以及超声波等，与高灵敏度探测器组成的断面扫描设备，具有无损检测、扫描用时短、图像清晰等特点。CT 扫描成像技术可以对岩石物性和孔隙结构进行定量测量和成像，可以直观表征岩石的孔隙结构和岩石物性。另外，该技术还可以对岩心驱替过程进行实时扫描，实现了对岩心内部流体微观流动的实时监测，将岩心内部流体的流动可视化，这些极大地弥补了传统岩心实验研究中的缺憾和不足。该技术的应用可以更加深入地揭示岩心的孔隙结构、物性组成以及真实岩心中流体动用机理等。随着计算机技术的不断进步，CT 扫描成像技术发展迅速，并且在石油工业中获得了越来越广泛的应用。目前，该技术已经成为国内外岩心分析的重要测试技术，应用于多项关于岩心的描述和试验中，主要包括岩心微裂隙的定量测量和分析，岩心非均质性评价，岩心孔隙结构成像和分析以及岩心中流动的实时测量等(图 1.4)。

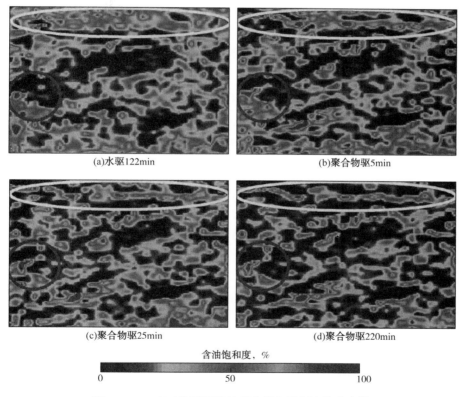

(a)水驱122min

(b)聚合物驱5min

(c)聚合物驱25min

(d)聚合物驱220min

含油饱和度，%

| 0 | 50 | 100 |

图 1.4 CT 实时监测驱替过程中岩心沿程流体分布[9]

该技术在针对岩心孔隙结构识别和连通性评价研究方面也有重要应用，通过对岩心扫描获得岩石的微观成像，对岩石骨架和孔隙空间进行区分提取岩心孔隙空间，利用统计方法对孔隙结构和连通性进行评价。数字岩心技术是通过构建基于孔隙结构的平台，开展孔隙中流体渗流过程研究的技术。该技术主要包括岩心数字化和孔喉中渗流模拟两部分。CT

扫描成像技术是数字岩心技术的基础，通过 CT 扫描获得真实岩心的三维图像，并采用模拟过程法和高精度 CT 扫描三维成像法等进行孔隙结构三维重建，并在重建的三维孔隙结构模型中进行渗流模拟。

1.4.3　NMR 核磁共振成像技术

核磁共振测量技术的发展实现了无损情况下对岩石孔隙结构以及孔隙流体参数的定量测量和评价，在油气开采中发挥着重要作用。目前，已经广泛应用于测定储层的孔隙度、孔隙半径分布、微裂隙、渗透率、毛细管压力曲线、流体饱和度、流体含量和流体渗吸、流体迁移等。随着油气藏开采的非常规化，岩石中的孔隙信息和流体信息也变得更加复杂，因此，工程和科研都对核磁共振的流体分辨率及孔喉分辨率提出了更高的要求。通过测量岩石内氢元素含量来分析岩石的物性特征。核磁共振 T_2 谱可以很好地反映孔隙结构和流体分布特征。T_2 值越高，说明赋存流体的孔径越大；某一孔径的岩石中流体越多，则 T_2 谱幅度越大。通过测量渗吸过程中致密储层样品的 T_2 谱，可以很好地获得毛细管压力渗吸引起的孔隙流体饱和度分布特征。

核磁共振仪测试过程中的设置参数对测试结果影响较大。对于不同的储层岩石，需要确定不同范围的测试常数。一般来说，核磁共振仪的测试常数主要为等待时间（RD）、回波个数（NECH）、回波间隔（T_E）和扫描次数（SCANS）。等待时间设置太小，会导致大孔隙信号丢失，但是如果设置太长会提高测量时间。对于常规砂岩来说，RD>3000ms 是合适的；对于含有裂缝的页岩和致密砂岩来说，RD>8000ms。同理，回波个数和扫描次数越大，越有利于提高测试精度，但是也会增加测试时间，实验中分别设置为 2048 和 64。此外，回波间隔指的是连续两个 180° 的脉冲之间的间隔，如果超过 0.3ms，捕捉的小孔中的流体信号就会丢失。但是，对于低场核磁共振仪而言，最小的回波间隔只能设置为 0.3ms，因此采用低场核磁共振仪测量致密储层，部分微纳米级孔隙是无法测量的。

参 考 文 献

[1] 吴国干，方辉，韩征，等."十二五"中国油气储量增长特点及"十三五"储量增长展望[J].石油学报，2016(9)：1145-1151.

[2] 邹才能，陶士振，白斌，等.论非常规油气与常规油气的区别和联系[J].中国石油勘探，2015，20(1)：1-16.

[3] 黄延章.致密油层非线性渗流特征[J].特种油气藏，1997，4(1)：9-14.

[4] Lomize G M. Flow in fractured rocks[M]. Moscow: Gosenergoizdat, 1951.

[5] 姚军，赵建林，张敏，等.基于格子 Boltzmann 方法的页岩气微观流动模拟[J].石油学报，2015，36(10)：1280-1289.

[6] Song R，Liu J，Cui M. Single- and two-phase flow simulation based on equivalent pore network extracted from

micro-CT images of sandstone core[J]. SpringerPlus, 2016, 5(1)：1-10.

[7] Cai J, Yu B, Mei M, et al. Capillary rise in a single tortuous capillary[J]. Chinese Physics Letters, 2010, 27(5)：054701.

[8] 李曹雄. 孔隙网络对页岩储层自吸特征的影响及应用[D]. 北京：中国石油大学(北京)，2016.

[9] 邓世冠，吕伟峰，刘庆杰，等. 利用 CT 技术研究砾岩驱油机理[J]. 石油勘探与开发，2014，41(3)：1-6.

第2章 裂缝型致密油储层的特征

新疆玛湖地区的致密砂砾岩储层储量大、物性好、地层压力高，是我国最具潜力的致密油储层。致密砂砾岩储层广泛发育砾缘缝，是典型的孔隙—裂缝储层。本章以裂缝型致密油储层为研究对象，开展储层特征参数测试分析，包括孔隙度、孔隙度、渗透率、饱和度、岩石矿物组成和孔隙结构等，为孔隙—裂缝型储层渗流模拟做好基础工作。

2.1 物性特征

2.1.1 孔隙度和渗透率

上乌尔禾组致密砂砾岩储层孔隙度渗透率分布如图 2.1 所示。孔隙度主要分布在 2.5%~10% 之间，其中 5%~10% 的孔隙度频率约为 80%，可知上乌尔禾组孔隙度为 5%~10%，平均为 7.4%。渗透率主要分布在 0.05~5mD 之间，其中 0.05~5mD 的渗透率频率约为 90%，可知上乌尔禾组的渗透率为 0.05~5mD，平均为 1.2mD。

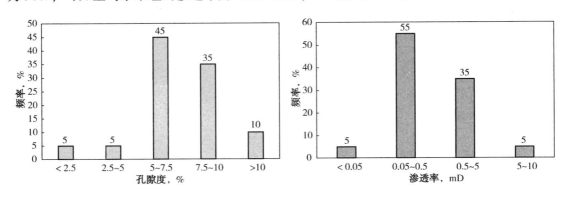

图 2.1　上乌尔禾组致密砂砾岩储层孔隙度和渗透率分布

致密砂砾岩储层孔隙度和渗透率相关关系如图 2.2 所示。由图 2.2 可知，随着孔隙度的增加，渗透率逐渐增加，然而整体的规律性较差，可推测砂砾岩样品的孔隙结构较为复杂。

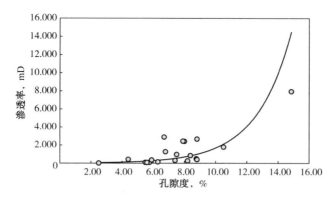

图 2.2 致密砂砾岩储层孔隙度和渗透率相关关系

2.1.2 孔径分布

致密砂砾岩样品的压汞孔径分布见图 2.3 和表 2.1。由图 2.3 和表 2.1 可见，随着汞饱和度的增加，毛细管压力迅速升高，当汞饱和度超过 10%～20% 时，毛细管压力变化趋于缓慢。排驱压力约为 0.68MPa，孔喉半径中值为 0.01～0.1μm，最大汞饱和度为 87%～97%。

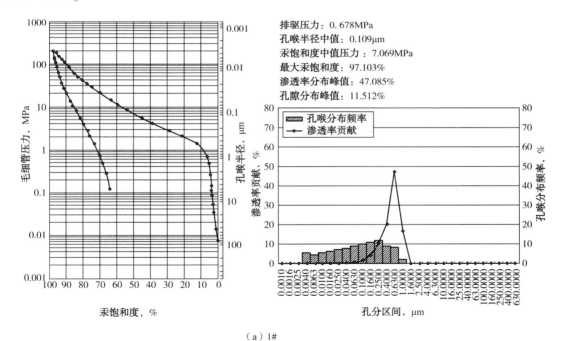

排驱压力：0.678MPa
孔喉半径中值：0.109μm
汞饱和度中值压力：7.069MPa
最大汞饱和度：97.103%
渗透率分布峰值：47.085%
孔隙分布峰值：11.512%

（a）1#

图 2.3 致密砂砾岩样品的压汞孔径分布

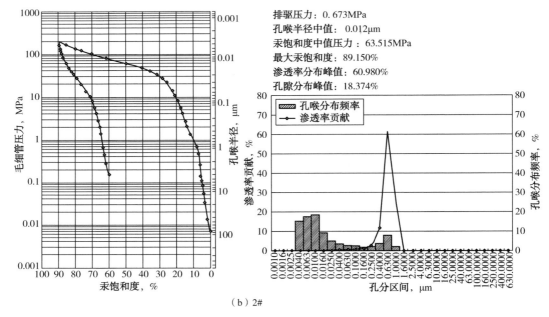

排驱压力：0.673MPa

孔喉半径中值：0.012μm

汞饱和度中值压力：63.515MPa

最大汞饱和度：89.150%

渗透率分布峰值：60.980%

孔隙分布峰值：18.374%

（b）2#

图2.3 致密砂砾岩样品的压汞孔径分布(续)

表2.1 压汞孔径分布

样品	地层	排驱压力，MPa	孔喉半径中值，μm	汞饱和度中值压力，MPa	最大汞饱和度，%
1#	上乌尔禾组	0.678	0.109	7.069	97.103
2#		0.673	0.012	63.515	89.150
3#		0.673	0.013	57.110	87.416

2.1.3 可动流体饱和度

致密砂砾岩样品的可动流体饱和度分析如图2.4所示。储层的T_2谱峰值成像为双峰，以左峰为主。随着转速的提高，岩石中的水逐渐减少，当达到4000r/min时，T_2谱不再发生变化，说明流体进入束缚水饱和度状态，减少的水即为可动流体饱和度。离心核磁分析表明，上乌尔禾组储层可动流体饱和度为25%~27%(表2.2)。

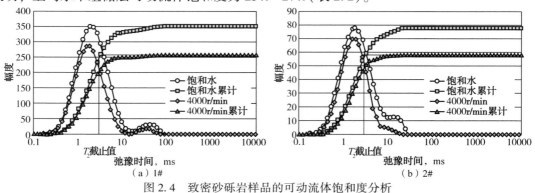

（a）1#　　　　　　　　　　　　（b）2#

图2.4 致密砂砾岩样品的可动流体饱和度分析

表 2.2 致密砂砾岩样品可动流体饱和度分析

样品	转速，r/min	可动流体饱和度，%	束缚水饱和度，%
1#	4000	26.79	73.21
2#	4000	25.13	74.82

2.1.4 矿物组成

致密砂砾岩全岩矿物组成见表 2.3。针对上乌尔禾组的 4 个样品开展 XRD 分析，结果显示主要的矿物包括石英、钾长石、斜长石、方解石和黏土矿物。其中，石英含量为 30%~35%，黏土矿物含量为 25%~35%，其余为斜长石，而方解石和钾长石含量很少。

表 2.3 致密砂砾岩全岩矿物组成

样品	地层	含量，%				
		石英	钾长石	斜长石	方解石	黏土矿物
1#	上乌乐禾组	35.0	0.5	24.2	9.3	31.0
2#		32.8	0.9	36.7	—	29.6
3#		31.8	1.3	41.7	—	25.2
4#		32.2	2.3	31.4	—	34.1

致密砂砾岩黏土矿物组成见表 2.4。黏土矿物含量超过 30%，且以伊蒙混层为主，水敏性强，易分散。将致密砂砾岩样品浸泡在水中，开展自发渗吸实验，10h 后样品完全分散，如图 2.5 所示。

表 2.4 致密砂砾岩黏土矿物组成

样品	地层	黏土矿物相对含量，%						混层比，%S	
		S	I/S	I	K	C	C/S	I/S	C/S
1#	上乌乐禾组	—	83	10	3	4	—	55	—
2#		—	58	9	14	19	—	60	—
3#		—	35	4	37	24	—	70	—
4#		—	57	4	12	27	—	70	—

注：S 为蒙皂石类；I/S 为伊蒙混层；I 为伊利石；K 为高岭石；C 为绿泥石；C/S 为绿蒙混层。

图 2.5 致密砂砾岩浸泡水后分散图

2.2 微观结构特征

致密砂砾岩显微镜观察装置(图 2.6)主要用于观察样品表面孔、缝分布特征及规律。由图 2.7 可见,上乌尔禾组致密砂砾岩微观非均质性强,砾间缝和砾缘孔较为发育,为主要的赋存和渗流空间。通过显微镜观察可知,致密砂砾岩是典型的孔隙—裂缝型储层。

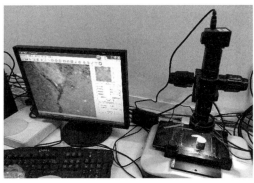

图 2.6 致密砂砾岩显微镜观察装置

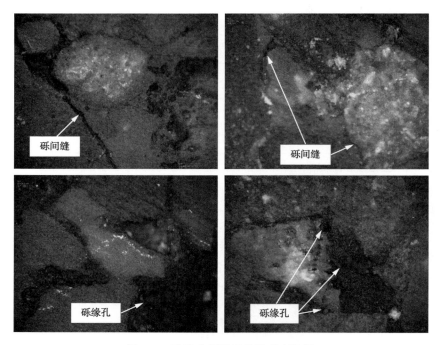

图 2.7 致密砂砾岩显微镜观察结果

上乌尔禾组致密砂砾岩 SEM 观察图如图 2.8 所示。由图 2.8(a) 和图 2.8(b) 可知，微裂缝广泛发育，交叉成网络，是沟通基质孔隙的高速通道，裂缝宽度在 $2 \sim 20 \mu m$ 之间。此外，基质孔隙的尺度为 $5 \sim 60 \mu m$，是油赋存的主要空间。

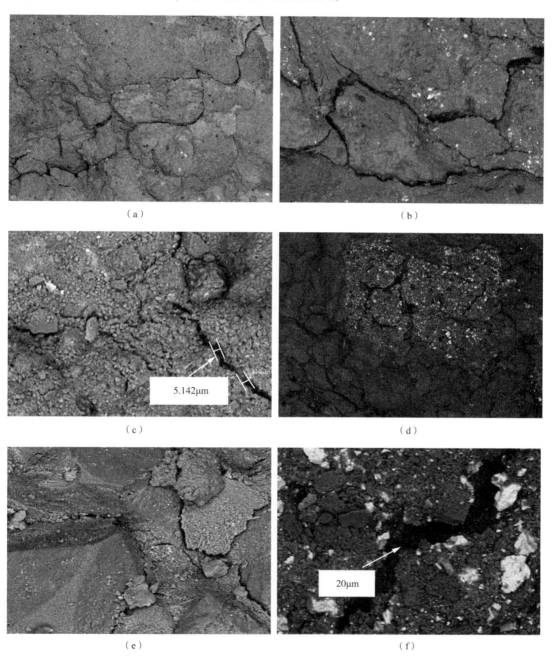

图 2.8 致密砂砾岩 SEM 观察图

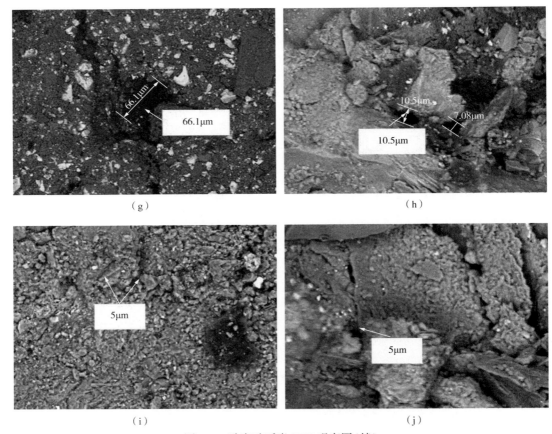

（g）　　　　　　　　　　　　　　（h）

（i）　　　　　　　　　　　　　　（j）

图 2.8　致密砂砾岩 SEM 观察图（续）

2.3　孔隙—裂缝渗流特征

2.3.1　应力敏感

致密砂砾岩应力敏感结果如图 2.9 所示。在加载过程中，随着有效应力增加，渗透率迅速下降，当有效应力超过 10MPa 后，渗透率基本不再变化。致密砂砾岩发育微裂缝—孔隙，在低有效应力作用下，微裂缝优先闭合，导致渗透率迅速下降，当微裂缝完全闭合后，孔隙开始被压缩。因此，应力敏感曲线分为裂缝区和孔隙区两部分，分别反映了在有效应力作用下裂缝和孔隙的变形特征。在卸载过程中，随着有效应力的降低，渗透率缓慢升高，当完全卸载后，渗透率无法恢复到原始状态，说明在有效应力加载、卸载过程中，孔隙和裂缝发生了不可逆变形，导致渗透率无法恢复[1]。可以根据加载、卸载前后渗透率的相对大小，评价储层的应力敏感伤害程度。致密砂砾岩的应力敏感伤害程度超过 85%，这与发育砾间缝有关。

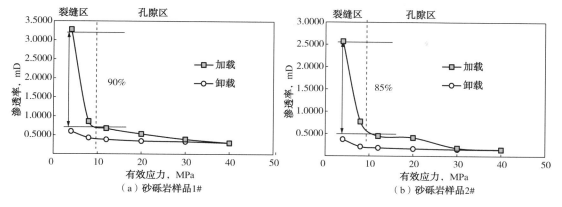

图 2.9　致密砂砾岩应力敏感结果

基于孔隙弹性理论建立了应力敏感模型，分析了应力敏感系数与孔隙—裂缝体积比的关系，结果如图 2.10 所示。随着孔隙—裂缝体积比的增加，应力敏感系数迅速下降，可见裂缝是影响应力敏感系数的关键因素。裂缝越发育，应力敏感性越强，这能很好地解释上乌尔禾组致密砂砾岩渗透率初期迅速下降的现象。

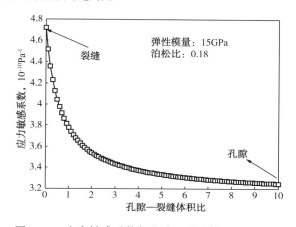

图 2.10　应力敏感系数与孔隙—裂缝体积比的关系

2.3.2　核磁渗吸

致密砂砾岩渗吸样品图如图 2.11 所示。针对百口泉组和上乌尔禾组两个地层开展砂砾岩岩心渗吸实验，同时在渗吸实验各阶段，对岩心进行核磁共振 T_2 谱扫描，分析毛细管力作用下油的微观迁移规律及采收率影响因素。

图 2.11　致密砂砾岩渗吸样品图

致密砂砾岩渗吸核磁如图 2.12 所示。渗吸驱油特征主要表现为小孔吸水、大孔排油，小孔采出程度占总采出量的 65%～78%。上乌尔禾组采收率为 30%～47%，百口泉组为 15%～18%。上乌尔禾组致密砂砾岩渗吸过程中，样品分散成颗粒状，孔隙稳定性差[2]。

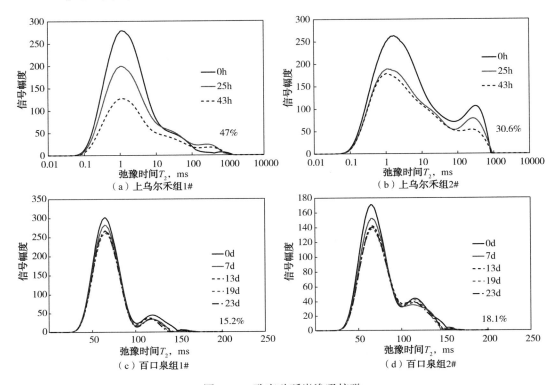

图 2.12　致密砂砾岩渗吸核磁

参 考 文 献

［1］Liu H，Zhang X，Lu X，et al. Study on flow in fractured porous media using pore-fracture network modeling ［J］. Energies，2017，10(12)：1984.

［2］刘海娇，张旭辉，鲁晓兵. 基于孔与裂隙网络模型的平行微裂隙对驱油的影响规律研究［J］. 力学学报，2018，50(4)：890-898.

第3章 水蒸气在孔隙中的吸附特征及影响因素

砂砾岩遇水后易分散，具有较强的水敏特征。对于深层砂砾岩地层而言，温度较高，水也会以气态存在。气态水吸附到微纳米级尺度的孔隙内，对孔隙的弹塑性和渗流都会产生影响。本章选取深层的砂砾岩地层开展研究，并与页岩进行对比，针对地层物性、矿物组成、孔隙结构等地层特征进行系统分析，通过开展水蒸气吸附实验获得地层的水蒸气吸附曲线特征，并分析影响水蒸气吸附能力的主控因素。

3.1 水蒸气吸附实验方法

本实验选用两个地区 8 个地层的样品开展水蒸气吸附实验及氮气吸附实验，分析页岩吸附气态水的影响因素及微观孔隙结构，评价黏土矿物含量、温度、初始含水率、孔隙度、渗透率对页岩水蒸气吸附的影响效果。

3.1.1 实验设备及样品

本章选取的样品来自松辽盆地、新疆盆地等地区，包括页岩、粗砂砾岩和细砂砾岩三种岩性的岩石样品(图 3.1)。样品的基本参数见表 3.1，样品的 SEM 图像如图 3.2 所示。

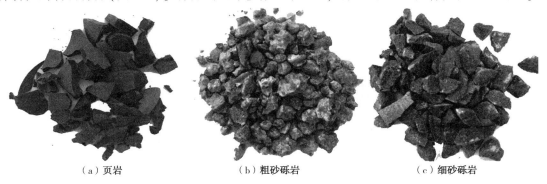

(a) 页岩　　　　　　　(b) 粗砂砾岩　　　　　　　(c) 细砂砾岩

图 3.1 实验所用岩样

表 3.1　样品基本情况参数

样品	岩性	深度，m	孔隙度，%	渗透率，mD
L-1	页岩	3784	4.7	0.005
L-2	页岩	3876	5.3	0.004
L-3	页岩	3852	4.8	0.006
S-4	粗砂砾岩	3583	10.9	2.570
S-5	粗砂砾岩	3554	8.2	0.259
S-6	粗砂砾岩	3421	7.5	0.971
B-7	细砂砾岩	3475	13.5	1.125
B-8	细砂砾岩	3492	14.6	1.469

表 3.2　样品全岩矿物组成

样品	黏土矿物相对含量，%					伊蒙混层比	黏土矿物含量，%	石英含量，%	长石含量，%	方解石含量，%
	蒙脱石	伊利石	伊蒙混层	绿泥石	高岭石					
L-1	39	26	26	5	4	10	49.7	29.1	15.5	7.7
L-2	43	24	23	3	7	15	46.3	29.7	14.9	8.1
L-3	46	21	25	2	6	17	47.9	29.5	15.7	6.9
S-4	0	4	57	27	12	70	34.1	32.3	33.7	0
S-5	0	4	35	24	37	90	25.2	31.8	43	0
S-6	0	10	83	4	3	75	31	35	24.7	9.3
B-7	0	5	84	3	8	90	17	55.2	27.8	0
B-8	0	15	76	9	40	60	29.8	46.3	23.9	0

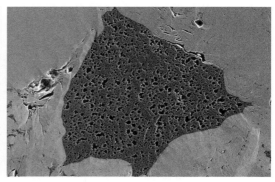

（a）页岩

图 3.2　三组样品的 SEM 图像

（b）粗砂砾岩

（c）细砂砾岩

图 3.2　三组样品的 SEM 图像（续）

3.1.2　实验设备及步骤

本次实验采用 BELSORP-max Ⅱ 蒸汽吸附仪（图 3.3，日本麦奇克拜尔有限公司生产）开展岩石吸附实验研究，测试原理依据静态容量法原理，采用 AFSM™ 校准，可进行 77K 条件下液氮吸附实验和不同温度下的水蒸气吸附实验。

具体实验步骤如下：

（1）对于不同区块的样品各选取三种不同地层深度的实验样品，在室内进行破碎处理，再用筛分法对样品进行颗粒大小筛分，选取粒径为 100~200 目的岩石颗粒，分别放置于烧杯中。

（2）对放置于烧杯中的样品，在烧杯外壁上进行标号，然后置于 110℃ 的烘干箱内烘 24h，样品取出后，包上保鲜膜置于阴凉区域，待冷却至室温。

（3）对实验用的试管在电子天平上称重 m_1，用镊子将样品放置于试管内，再次称重 m_2，获得样品质量 m_3。

（4）将杜瓦瓶从仪器上取出，装入液氮，为实验用品提供低温环境，检查仪器是否工作正常，然后将样品置于蒸汽吸附仪上，开展实验，记录实验数据。

图 3.3 BELSORP-maxⅡ蒸汽吸附仪

3.2 水蒸气吸附特征

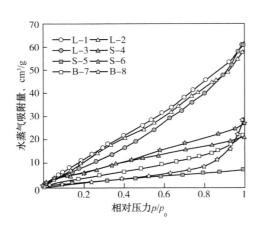

图 3.4 水蒸气吸附曲线

p—实时蒸汽压力；p_0—饱和蒸气压

从图 3.4 中可以看出，随着相对压力的增加，不同样品的水蒸气吸附量均有增加，在相对压力为 0~0.2 区间段，样品之间水蒸气吸附量差别不明显；当相对压力大于 0.2 时，页岩（L-1—L-3）的水蒸气吸附量与其他样品迅速拉开，最终页岩的水蒸气吸附量明显高于其他样品，平均为 $59.64cm^3/g$，粗砂砾岩的水蒸气吸附量平均为 $18.38cm^3/g$，细砂砾岩的水蒸气吸附量平均为 $25.11cm^3/g$。由此可见，水对页岩的影响最大，其次是细砂砾岩，最后是粗砂砾岩。

在水蒸气吸附实验中，岩石水蒸气吸附量增加的重要原因是含有黏土矿物，且考虑到多孔结构和多层水蒸气吸附，Tien[1] 提出了 4 种水蒸气吸附曲线模型，如图 3.5 所示。Ⅰ型水蒸气吸附曲线模型适用于孔隙结构较小、单分子水蒸气吸附，Ⅱ型和Ⅲ型水蒸气吸附曲线模型适用于黏土矿物含量较高、孔径较大的多层水蒸气吸附，Ⅳ型水蒸气吸附曲线模型适用于岩石表面的双层水蒸气吸附。本实验中所用的样品均符合Ⅱ型和Ⅲ型水蒸气吸附曲线模型。基于此，本实验中的页岩在吸附过程中发生多层水蒸气吸附，符合Ⅱ型水蒸气吸附曲线模型，但考虑到不同样品水蒸气吸附量有很大差别，因此探究影响岩石水蒸气吸附量的因素至关重要。

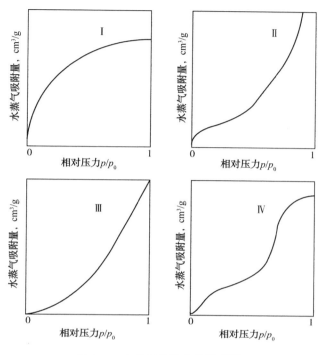

图3.5　水蒸气吸附曲线模型[1]

3.3　水蒸气吸附影响因素

3.3.1　孔隙分布的影响

针对样品吸附量的不同，为了获得孔隙结构对于水蒸气吸附量的影响因素，开展了低温氮气吸附实验，获得其氮气吸附量、孔径分布和比表面积数据，如图3.6所示。图3.6(a)为三种岩性的样品氮气吸附曲线，遵循Langmuir吸附模型公式[2]建立，从图中可以看出，页岩的最大氮气吸附量是粗砂砾岩和细砂砾岩的2~3倍，且粗砂砾岩和细砂砾岩的氮气吸附量为4~8cm³/g。对比三个页岩样品，虽然氮气吸附量基本一致，但因其所处层位不同，孔隙结构有很大差别，具体来说，L-1样品氮气吸附量最大，达到14.311cm³/g；其次，L-3样品氮气吸附量为12.179cm³/g；最后是L-2样品，氮气吸附量为10.262cm³/g。氮气吸附量的多少表征的是岩石孔隙结构的发育程度，氮气吸附量越大，岩石孔隙结构越发育，孔隙越多。

岩石比表面积与水蒸气吸附量之间的关系如图3.6(b)所示。从图3.6(b)中可以看出，岩石的比表面积越大，水蒸气吸附量越大。从定量角度分析，页岩的比表面积为$5\sim6m^2/g$，是粗砂砾岩的$2\sim9$倍，细砂砾岩的$2\sim4$倍，同时页岩的水蒸气吸附量也是粗砂砾岩和细砂砾岩的$2\sim6$倍，这说明水蒸气吸附量与岩石的比表面积呈正相关；对比三个页岩样品可以发现，比表面积会影响到水蒸气吸附量，但又不是呈线性关系，这说明水蒸气吸附量还会受到其他因素影响。

岩石$1\sim100nm$孔径分布如图3.6(c)所示。国际纯粹与应用化学联合会[3]对孔隙结构进行定义：孔径小于$2nm$的称为微孔；孔径为$2\sim50nm$的称为介孔；孔径大于$50nm$的称为大孔。本实验对$1\sim100nm$的孔径进行分析发现，在介孔范围内，页岩的孔隙体积分布远高于粗砂砾岩和细砂砾岩，考虑到孔径的大小一定，因此孔隙体积越大，孔隙发育度越高，基于此，孔隙越发育，水蒸气吸附量越大。

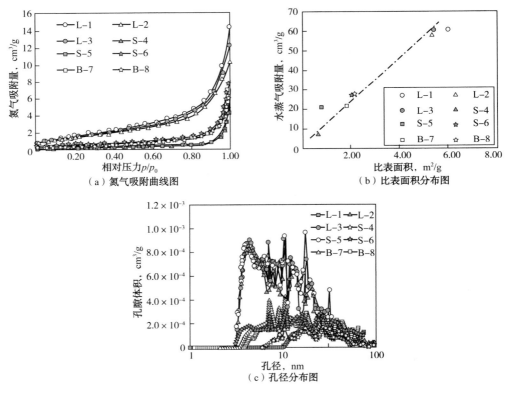

（a）氮气吸附曲线图　　　　　　　　（b）比表面积分布图

（c）孔径分布图

图3.6　样品孔隙结构分析

3.3.2　黏土矿物的影响

岩石中黏土矿物含量的多少直接影响到岩样吸附水蒸气的能力，一般来说，黏土矿物含量越高，吸附水蒸气的能力越强。基于此，开展 X 射线衍射实验得到三种岩石样品的矿物组分，见表 3.2。从表 3.2 中可以看出，页岩的黏土矿物含量要远高于另两种岩石的黏土矿物含量。从图 3.7 中可以看出，黏土矿物含量越高，水蒸气吸附量越高。对图 3.7 中的点进行拟合得到水蒸气吸附函数：

$$y = 33.507\ln x - 86.426 \tag{3.1}$$

式中，x 表示黏土矿物的相对含量，%；y 表示水蒸气吸附量。

对该函数进行分析得到，水蒸气吸附量虽然与黏土矿物含量呈正相关，但不是绝对的正相关，这说明不同的黏土矿物组分的亲水能力对水蒸气的吸附量有较大的影响。从表 3.2 中可以看出，粗砂砾岩和细砂砾岩不含有蒙脱石，但是粗砂砾岩和细砂砾岩伊蒙混层含量明显高于页岩的含量，这说明蒙脱石的吸水能力要高于伊蒙混层，且因伊蒙混层中混层比不同，吸附水蒸气的能力会有显著差异。具体而言，蒙脱石、伊蒙混层、伊利石、高岭石和绿泥石亲水能力逐渐降低。同时，相关文献指出[4]，由于蒙脱石含有钙、镁等置换能力很强的离子，因此其亲水能力和吸附水的能力要远高于其他黏土矿物组分。由于页岩中蒙脱石含量最高，吸水能力最强，因此页岩的水蒸气吸附能力最强，其次为粗砂砾岩，最后为细砂砾岩。

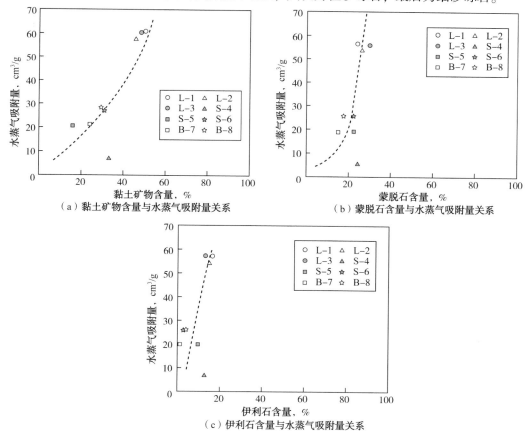

图 3.7　黏土矿物含量与水蒸气吸附量相关性分析

3.3.3　温度的影响

针对不同层位的岩石样品（L-1、L-2 和 L-3）做了 308K、318K 的水蒸气等温吸附实验，如图 3.8 所示。从图 3.8 中可以看出，不同温度下的水蒸气吸附量的变化情况很相似，随着相对压力的增加，水蒸气吸附量增加，但 318K 下的水蒸气吸附量要高于 308K 的水蒸气吸附量，这说明随着温度的增加，岩石吸附水蒸气的能力增强。但是岩石在吸附甲烷时，温度越高，甲烷吸附量越低。造成这种现象的原因是由于岩石中含有较多的亲水性黏土矿物，温度升高，黏土矿物获得外界提供的能量，提高了黏土矿物吸附水蒸气的能力。此外，温度的升高也增加了水分子和页岩表面离子的活性，较高的活跃度增加了分子之间相互作用的能力。最后，岩石在地质作用中会形成各种盐类附着于岩石孔隙结构，温度上升提高了盐类的溶解度。因此，随着温度的升高，岩石吸附水蒸气的能力会逐渐增强。

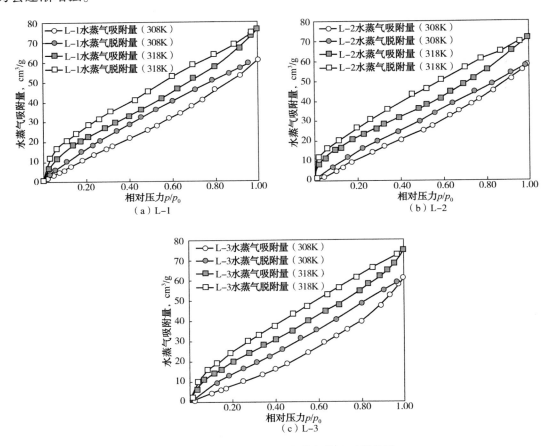

图 3.8　不同温度的岩石水蒸气等温吸附曲线

3.3.4 初始含水率的影响

自然状态下的岩石都有初始含水率，因此，为了更真实性地反映自然界中岩石的水蒸气吸附能力，基于烘干后的水蒸气吸附实验，开展了岩石原始状态下的水蒸气吸附实验。从图 3.9(a)中可以看出，初始含水率会影响水蒸气的吸附量，这与竞争吸附有关，在一定温度范围内，岩石吸附水蒸气的能力一定，岩石中初始含水率越高，水蒸气的吸附量越少。水蒸气吸附减少量与初始含水率的关系如图 3.9(b)所示。从图 3.9(b)中可以看出，随着初始含水率的增加，岩石吸附水蒸气的能力下降很快，逐渐趋缓。原因是岩石的微孔和介孔高度发育，水在岩石中的吸附形态是均匀分布的，当水附着于微孔和介孔时，再进行水蒸气吸附实验，原有的孔隙相当一部分已经被水分子填充，导致岩石再次吸附水蒸气的能力下降。

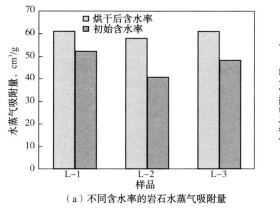

（a）不同含水率的岩石水蒸气吸附量

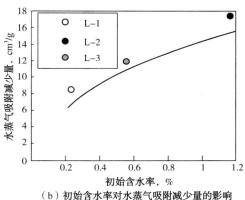

（b）初始含水率对水蒸气吸附减少量的影响

图 3.9 岩石不同含水率条件下的水蒸气吸附

3.3.5 孔隙度的影响

孔隙度是指岩石孔隙体积与岩石总体积之比。如图 3.10 所示，页岩的水蒸气吸附量和比表面积在三种岩样里面最大，但其孔隙度反而较小；粗砂砾岩的水蒸气吸附量与细砂砾岩的水蒸气吸附量很接近，但其孔隙度不是很接近。一般来说，孔隙度越高，岩石孔隙发育程度越高，岩石的水蒸气吸附量越大；但基于岩石孔隙度的定义来说，岩石的孔隙度受孔隙体积的影响较大，而岩石的水蒸气吸附量不止与孔隙体积有关，还与孔隙

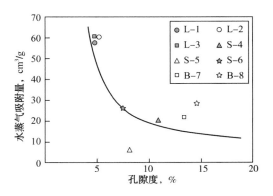

图 3.10 孔隙度与水蒸气吸附量之间的关系

的数量有很大的关系，即岩石的比表面积越大，则岩石的水蒸气吸附量越大，岩石的水蒸气吸附量与孔隙度呈负相关。

3.3.6 渗透率的影响

在一定压差下，岩石允许流体通过的能力称为渗透率。依据达西定律，单相流体流过岩石孔隙时，单位时间内通过岩石横截面积的流量与截面积 A、渗透率 K、高度差 Δh 成正比，与岩石流过的长度 L 成反比，即

$$Q = \frac{KA\Delta h}{L} \tag{3.2}$$

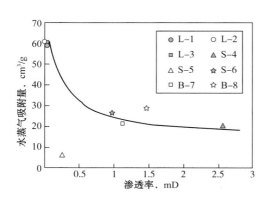

图 3.11 岩石渗透率与水蒸气吸附量相关性分析

岩石水蒸气吸附量与渗透率之间的关系如图 3.11 所示。从图 3.11 中可以看出，页岩的水蒸气渗透率很低，仅为 0.005mD，但其水蒸气吸附量很高，达到 60cm³/g 左右；而粗砂砾岩和细砂砾岩的水蒸气吸附量很接近，但其渗透率分布在 0.25~2.7mD 范围内。这种现象说明，渗透率与岩石的水蒸气吸附量之间呈负相关。

自然界中，岩石的水蒸气吸附是比较复杂的过程，岩石在发生水蒸气吸附之前，已经经过渗流等多种物理过程，岩石的孔径因为流过的液体而发生变化，这种变化会影响岩石自身的水蒸气吸附量。因此，在考虑水蒸气吸附这一主要诱因情况下，还需要考虑不同盐溶液对岩石孔隙结构的影响。

3.4 小结

本章通过研究不同赋存条件下的深部岩石试样的水蒸气吸附实验及其主控因素，主要得出如下结论：

（1）水蒸气吸附实验结果显示，随着相对压力的逐渐增加，样品吸附水蒸气的量均增加，尤其是在相对压力大于 0.8 时，水蒸气吸附能力迅速增强，页岩的水蒸气吸附能力与砂砾岩相比差异显著，页岩的水蒸气吸附能力最强，粗砂砾岩和细砂砾岩水蒸气吸附能力没有显著差别。

（2）黏土矿物含量对岩石水蒸气吸附量有显著差异，尤其是蒙脱石和伊利石含量对岩石吸附水蒸气能力的影响，伊蒙混层含量越高，岩石吸附水蒸气能力越强。这与蒙脱石和伊

利石中含有钙、镁等置换能力很强的离子有关。

（3）岩石中孔隙结构高度发育，孔隙越多，比表面积越大，水蒸气吸附量越大；温度越高，岩石水蒸气吸附能力越强；初始含水率越高，初期影响显著，后期逐渐减小；孔隙度与含水率等物性特征与岩石的水蒸气吸附能力呈负相关。

参 考 文 献

［1］Tien C. Adsorption Calculations and Modeling［M］. Boston：Butterworth-Heinemann，1994.

［2］Langmuir I. The evaporation，condensation and reflection of molecules and the mechanism of adsorption［J］. Journal of the Franklin Institute，1917，183（1）：101-102.

［3］Sing K S W. Reporting physisorption data for gas/solid systems with special reference to the determination of surface area and porosity（Recommendations 1984）［J］. Pure and Applied Chemistry，1985（57）：603-619.

［4］赵杏媛，张有瑜. 冀东油田粘土矿物研究［J］. 天然气地球科学，1993，4（5）：26-34.

第4章 考虑应力敏感性的水驱油 两相渗流研究

本章首先推导了考虑应力敏感性的水驱油两相渗流理论；然后通过数值计算，与长岩心实验的结果进行了对比；最后，通过理论分析研究了压力分布、压力梯度分布、流量变化情况、前缘推进速度、渗透率分布等渗流特征，同时研究了应力敏感性程度、黏度比、绝对渗透率等因素对渗流特征的影响。

4.1 考虑应力敏感性的水驱油两相渗流公式推导

致密油藏中考虑应力敏感性的油水两相渗流公式方面的研究相对较少，一般来说，研究渗流的基本公式包括连续方程和达西定律：

$$\begin{cases} \dfrac{\partial}{\partial t}(\rho\phi) + \mathrm{div}(\rho v) = 0 \\ v = -\dfrac{K}{\mu}(\nabla p + \rho g) \end{cases} \tag{4.1}$$

式中，t 为时间；ρ 为密度；ϕ 为孔隙度；v 为渗流速度；K 为渗透率；μ 为流体黏度；p 为压力；g 为重力加速度。

若具体到油水两相渗流，则基本方程组需要引入饱和度这一参数，可以具体写成如下形式：

$$\begin{cases} \dfrac{\partial}{\partial t}(\rho_1 S_1 \phi) + \mathrm{div}(\rho_1 v_1) = 0 \\ v_1 = -\dfrac{K_1}{\mu_1}(\nabla p_1 + \rho_1 g) \\ S_w + S_o = 1 \\ p_c = p_o - p_w \end{cases} \tag{4.2}$$

式中，下标 l＝w、o，分别表示水和油；S 为饱和度；p_c 为毛细管压力。

仍然以指数形式来体现致密油藏的应力敏感性，将渗透率 K 看作压力 p 的函数，则式(4.2)可以看作致密油藏的油水两相渗流基本公式。

4.1.1　考虑应力敏感性的 B-L 驱油理论推导

B-L 驱油理论是研究水驱油过程的基本理论，该理论研究条件为一维两相流动，忽略流体压缩性以及毛细管压力，将水驱油过程看作等含水饱和度面的推进过程，并以达西定律和连续方程为基础推导得出[1]。对于致密油藏，将应力敏感性引入渗流方程，B-L 驱油理论的形式和适用条件都有一些变化。本节推导了新条件下的驱油理论，包括饱和度面分布计算公式、压力分布计算公式以及前缘饱和度的确定等。

4.1.1.1　饱和度分布计算公式

考虑一维条件下的水驱油过程，基于非活塞驱替理论，将水驱油过程看作等含水饱和度面的推进过程，且存在一个前缘饱和度。

水驱油过程中可以忽略重力效应的影响，同时流体和岩心的压缩性也可忽略，式(4.2)可以简化为如下形式：

$$\begin{cases} \phi \dfrac{\partial S_1}{\partial t} + \dfrac{\partial v_1}{\partial x} = 0 \\[2mm] v_1 = -\dfrac{K_1}{\mu_1}\dfrac{\mathrm{d}p_1}{\mathrm{d}x} \\[2mm] S_w + S_o = 1 \\[2mm] p_c = p_o - p_w \end{cases} \tag{4.3}$$

则含水率 f_w 满足如下关系式：

$$f_w = \frac{v_w}{v_w + v_o} = \frac{-\dfrac{K_w}{\mu_w}\dfrac{\mathrm{d}p_w}{\mathrm{d}x}}{-\dfrac{K_w}{\mu_w}\dfrac{\mathrm{d}p_w}{\mathrm{d}x} - \dfrac{K_o}{\mu_o}\dfrac{\mathrm{d}p_o}{\mathrm{d}x}} = \frac{1}{1 + \dfrac{K_o}{K_w}\dfrac{\mu_w}{\mu_o}\dfrac{\mathrm{d}p_o}{\mathrm{d}p_w}} \tag{4.4}$$

考虑应力敏感性，引入指数形式，两相条件下的指数形式略有不同：

$$\begin{cases} K_w = K_{rw} a_w \mathrm{e}^{-b_w p'_w} \\[2mm] K_o = K_{ro} a_o \mathrm{e}^{-b_o p'_o} \end{cases} \tag{4.5}$$

其中，K_{rw} 和 K_{ro} 分别为水相和油相的相对渗透率，均可看作含水饱和度 S_w 的函数。式(4.5)实际上将相渗透率分为受含水饱和度影响的相对渗透率与受有效围压影响的绝对渗透率两部分，这是基于如下假定：有效围压的改变不对相对渗透率曲线的形态造成影响。因此，式(4.4)可改写为：

$$f_w = \frac{1}{1 + \dfrac{a_o \mathrm{e}^{-b_o p'_o}}{a_w \mathrm{e}^{-b_w p'_w}}\dfrac{\mu_w}{\mu_o}\dfrac{\mathrm{d}p_o}{\mathrm{d}p_w}} = \frac{1}{1 + \dfrac{K_{ro} a_o \mu_w}{K_{rw} a_w \mu_o}\mathrm{e}^{-b_w p'_w - b_o p'_o}\dfrac{\mathrm{d}p_o}{\mathrm{d}p_w}} \tag{4.6}$$

利用 B-L 驱油理论来推导渗流公式，需将含水率 f_w 看作含水饱和度 S_w 的单值函数，但致密油藏中由于应力敏感性的存在，f_w 的表达式中还有压力项，在这种情况下，进一步推导就需要进行一些假设。假定油和水对于应力的敏感性程度相当，即 $b_w = b_o = b$，同时忽略毛细管压力，即 $p_c = 0$，$p_w = p_o$。也就是说，B-L 驱油理论只能在油水渗透率对于应力的敏感性程度差别不大的前提下才适用，因而在致密油藏中应用范围相对较窄。

在满足以上假设的条件下，含水率的表达式可以简化为：

$$f_w = \cfrac{1}{1 + \cfrac{K_{ro} a_o \mu_w}{K_{rw} a_w \mu_o}} \tag{4.7}$$

由于 f_w 为 S_w 的函数，式(4.3)可化简为：

$$v f'(S_w) \frac{\partial S_w}{\partial x} + \phi \frac{\partial S_w}{\partial t} = 0 \tag{4.8}$$

其中，v 为油水流速之和。研究等饱和度面的移动规律，则

$$\mathrm{d}S = \frac{\partial S_w}{\partial x}\mathrm{d}x + \frac{\partial S_w}{\partial t}\mathrm{d}t = 0 \tag{4.9}$$

联立式(4.8)和式(4.9)，可得：

$$\frac{\mathrm{d}x}{\mathrm{d}t} = \frac{q(t)}{\phi A} f'(S) \tag{4.10}$$

这一形式与不考虑应力敏感性条件下的贝克莱—列维尔特方程相同，即等饱和度面的推进速度与流量和含水率导数成正比。利用式(4.10)，就可以计算出岩心的饱和度分布情况[2]。

4.1.1.2　压力分布计算公式

得到饱和度分布之后，就可以推导出计算压力分布的理论公式。将式(4.5)代入达西定律，可得：

$$v_w = -\frac{K_{rw} a_w \mathrm{e}^{-b(p_0 - p)}}{\mu_w} \frac{\mathrm{d}p}{\mathrm{d}x} \tag{4.11}$$

$$v_o = -\frac{K_{ro} a_o \mathrm{e}^{-b(p_0 - p)}}{\mu_o} \frac{\mathrm{d}p}{\mathrm{d}x} \tag{4.12}$$

其中，p_0 为围压。式(4.11)和式(4.12)相加得：

$$v = -\mathrm{e}^{-b(p_0 - p)}\left(\frac{a_w K_{rw}}{\mu_w} + \frac{a_o K_{ro}}{\mu_o}\right)\frac{\mathrm{d}p}{\mathrm{d}x} \tag{4.13}$$

代入式(4.7)，得到：

$$v \mu_w \frac{f_w}{a_w K_{rw}}\mathrm{d}x = -\mathrm{e}^{b(p - p_0)}\mathrm{d}p \tag{4.14}$$

对式(4.14)积分，得到：

$$p = \frac{1}{b}\ln\left(-bv\mu_w\int\frac{f_w}{a_w K_{rw}}dx + c\right) + p_0 \qquad (4.15)$$

其中，$f_w/(a_w K_{rw})$可以看作S_w的函数。计算出饱和度分布之后，可以建立$f_w/(a_w K_{rw})$与x的函数关系，进而积分算出压力分布。

4.1.1.3 确定前缘饱和度

利用相渗曲线可以做出$f_w—S_w$曲线和$f'_w—S_w$曲线，前缘饱和度可以按照以下方法确定。

对式(4.10)积分，得到：

$$x = \frac{f'(S)}{\phi A}\int_0^{t_0}q(t)dt \qquad (4.16)$$

假设：S_1为束缚水饱和度，S_2为残余油时的含水饱和度，S_0为前缘饱和度，x_0为前缘位置。由于流入的总水量等于饱和度增加量，则：

$$\int_0^{t_0}q(t)dt = \int_0^{x_0}\phi A(S - S_1)dx \qquad (4.17)$$

对式(4.16)微分，得到：

$$dx = \frac{\int_0^{t_0}q(t)dt}{\phi A}f''(S)dS \qquad (4.18)$$

代入式(4.17)，变换积分上下限，得到：

$$1 = \int_{S_2}^{S_0}(S - S_1)f''(S)dS \qquad (4.19)$$

分部积分，得到：

$$1 = (S - S_1)f'(S)\Big|_{S_2}^{S_0} - \int_{S_2}^{S_0}f'(S)dS \qquad (4.20)$$

由于$f(S_2) = 1$，$f'(S_2) = 0$，代入式(4.20)得：

$$f'(S_0) = \frac{f(S_0)}{S_0 - S_1} \qquad (4.21)$$

根据式(4.21)，可以用作图法求出前缘饱和度S_0。

由此可见，有关饱和度的理论公式与原来的B-L驱油理论形式上变化不大，而压力相关的计算公式则明显体现出了应力敏感性带来的非线性特征。该理论考虑了致密油藏的应力敏感性因素，但是仅适用于油水两相对应力的敏感性程度差别不大的情况，因而应用范围有限。

4.1.2 用于计算两相渗流的差分方程

由于B-L驱油理论在致密油藏中应用的局限性，在考虑应力敏感性条件下的两相渗流理论研究可以通过数值计算来进行，下面推导计算相关的差分方程[3]。

考虑应力敏感性及毛细管压力影响，忽略流体及岩心的压缩性，计算致密的一维长岩心在水驱油过程中的压力及饱和度分布。由式(4.3)和式(4.5)可得：

$$\frac{\partial}{\partial x}\left[\frac{K_{rl}a_l}{\mu_l}e^{-b_l(p_0-p_l)}\frac{\partial p_l}{\partial x}\right] + \phi\frac{\partial S_l}{\partial t} = 0 \tag{4.22}$$

令

$$M_l = \frac{K_{rl}a_l}{\mu_l}e^{-b_l(p_0-p_l)} \tag{4.23}$$

得到：

$$\frac{\partial}{\partial x}\left(M_l\frac{\partial p_l}{\partial x}\right) + \phi\frac{\partial S_l}{\partial t} = 0 \tag{4.24}$$

采用 IMPES 方法，隐式求解压力，显式求解饱和度，改写为差分方程：

$$\frac{1}{\Delta x}\left[(M_l)_{i+\frac{1}{2}}\frac{(p_l)_{i+1}^{n+1}-(p_l)_i^{n+1}}{\Delta x} - (M_l)_{i-\frac{1}{2}}\frac{(p_l)_i^{n+1}-(p_l)_{i-1}^{n+1}}{\Delta x}\right] + \phi\frac{(S_l)_i^{n+1}-(S_l)_i^n}{\Delta t} = 0 \tag{4.25}$$

将油相和水相的差分方程相加，可得：

$$\frac{1}{\Delta x}\left[(M_w)_{i+\frac{1}{2}}\frac{(p_w)_{i+1}^{n+1}-(p_w)_i^{n+1}}{\Delta x} - (M_w)_{i-\frac{1}{2}}\frac{(p_w)_i^{n+1}-(p_w)_{i-1}^{n+1}}{\Delta x}\right] +$$
$$\frac{1}{\Delta x}\left[(M_o)_{i+\frac{1}{2}}\frac{(p_o)_{i+1}^{n+1}-(p_o)_i^{n+1}}{\Delta x} - (M_o)_{i-\frac{1}{2}}\frac{(p_o)_i^{n+1}-(p_o)_{i-1}^{n+1}}{\Delta x}\right] = 0 \tag{4.26}$$

由于 $(p_l)_i^{n+1} = (p_l)_i^n + \Delta(p_l)_i$，得到：

$$(M_w)_{i+\frac{1}{2}}[(p_w)_{i+1}^n - (p_w)_i^n + \Delta(p_w)_{i+1} - \Delta(p_w)_i] -$$
$$(M_w)_{i-\frac{1}{2}}[(p_w)_i^n - (p_w)_{i-1}^n + \Delta(p_w)_i - \Delta(p_w)_{i-1}] +$$
$$(M_o)_{i+\frac{1}{2}}[(p_o)_{i+1}^n - (p_o)_i^n + \Delta(p_o)_{i+1} - \Delta(p_o)_i] -$$
$$(M_o)_{i-\frac{1}{2}}[(p_o)_i^n - (p_o)_{i-1}^n + \Delta(p_o)_i - \Delta(p_o)_{i-1}] = 0 \tag{4.27}$$

假设毛细管压力在一个时间步长内不发生变化，得到：

$$(M_w)_{i+\frac{1}{2}}[(p_w)_{i+1}^n - (p_w)_i^n + \Delta(p_w)_{i+1} - \Delta(p_w)_i] -$$
$$(M_w)_{i-\frac{1}{2}}[(p_w)_i^n - (p_w)_{i-1}^n + \Delta(p_w)_i - \Delta(p_w)_{i-1}] +$$
$$(M_o)_{i+\frac{1}{2}}[(p_w)_{i+1}^n - (p_w)_i^n + (p_c)_{i+1}^n - (p_c)_i^n + \Delta(p_w)_{i+1} - \Delta(p_w)_i] -$$
$$(M_o)_{i-\frac{1}{2}}[(p_w)_i^n - (p_w)_{i-1}^n + (p_c)_i^n - (p_c)_{i-1}^n + \Delta(p_w)_i - \Delta(p_w)_{i-1}] = 0 \tag{4.28}$$

化简式(4.28)得到：

$$[(M_w)_{i+\frac{1}{2}} + (M_o)_{i+\frac{1}{2}}]\Delta(p_w)_{i+1} - [(M_w)_{i+\frac{1}{2}} + (M_w)_{i-\frac{1}{2}} + (M_o)_{i+\frac{1}{2}} + (M_o)_{i-\frac{1}{2}}]\Delta(p_w)_i +$$
$$[(M_w)_{i-\frac{1}{2}} + (M_o)_{i-\frac{1}{2}}]\Delta(p_w)_{i-1} = -[(M_w)_{i+\frac{1}{2}} + (M_o)_{i+\frac{1}{2}}](p_w)_{i+1}^n +$$
$$[(M_w)_{i+\frac{1}{2}} + (M_w)_{i-\frac{1}{2}} + (M_o)_{i+\frac{1}{2}} + (M_o)_{i-\frac{1}{2}}](p_w)_i^n - [(M_w)_{i-\frac{1}{2}} + (M_o)_{i-\frac{1}{2}}](p_w)_{i-1}^n -$$

$$(M_o)_{i+\frac{1}{2}}(p_c)_{i+1}^n + \left[(M_o)_{i+\frac{1}{2}} + (M_o)_{i-\frac{1}{2}}\right](p_c)_i^n - (M_o)_{i-\frac{1}{2}}(p_c)_{i-1}^n \qquad (4.29)$$

即

$$a\Delta(p_w)_{i+1} + b\Delta(p_w)_i + c\Delta(p_w)_{i-1} = d$$

其中：

$$\begin{cases} a = (M_w)_{i+\frac{1}{2}} + (M_o)_{i+\frac{1}{2}} \\ b = -\left[(M_w)_{i+\frac{1}{2}} + (M_w)_{i-\frac{1}{2}} + (M_o)_{i+\frac{1}{2}} + (M_o)_{i-\frac{1}{2}}\right] \\ c = (M_w)_{i-\frac{1}{2}} + (M_o)_{i-\frac{1}{2}} \\ d = -\left[(M_w)_{i+\frac{1}{2}} + (M_o)_{i+\frac{1}{2}}\right](p_w)_{i+1}^n + \left[(M_w)_{i+\frac{1}{2}} + (M_w)_{i-\frac{1}{2}} + (M_o)_{i+\frac{1}{2}} + (M_o)_{i-\frac{1}{2}}\right](p_w)_i^n - \\ \left[(M_w)_{i-\frac{1}{2}} + (M_o)_{i-\frac{1}{2}}\right](p_w)_{i-1}^n - (M_o)_{i+\frac{1}{2}}(p_c)_{i+1}^n + \left[(M_o)_{i+\frac{1}{2}} + (M_o)_{i-\frac{1}{2}}\right](p_c)_i^n - (M_o)_{i-\frac{1}{2}}(p_c)_{i-1}^n \end{cases} \qquad (4.30)$$

式(4.30)和式(4.25)就是用于数值计算的完整差分方程组，在给定初始条件和边界条件下，可以计算出不同时刻岩心饱和度和压力的分布情况。

若忽略毛细管压力，则差分方程组可简化成如下形式：

$$ap_{i+1} + bp_i + cp_{i-1} = 0$$

其中：

$$\begin{cases} a = (M_w)_{i+\frac{1}{2}} + (M_o)_{i+\frac{1}{2}} \\ b = -\left[(M_w)_{i+\frac{1}{2}} + (M_w)_{i-\frac{1}{2}} + (M_o)_{i+\frac{1}{2}} + (M_o)_{i-\frac{1}{2}}\right] \\ c = (M_w)_{i-\frac{1}{2}} + (M_o)_{i-\frac{1}{2}} \end{cases} \qquad (4.31)$$

饱和度方程：

$$(S_w)_i^{n+1} = \frac{\Delta t}{\Delta x^2 \cdot \phi}\left[(M_w)_{i+\frac{1}{2}}(p_{i+1}^{n+1} - p_i^{n+1}) - (M_w)_{i-\frac{1}{2}}(p_i^{n+1} - p_{i-1}^{n+1})\right] + (S_w)_i^n \qquad (4.32)$$

式(4.31)和式(4.32)即是忽略毛细管压力条件下的完整差分方程组，在实际计算时，还应当在边界处加入源汇项。

左边界：

$$\frac{1}{\Delta x^2}(M_w)_{i+\frac{1}{2}}(p_{i+1}^{n+1} - p_i^{n+1}) + q_v = \phi\frac{(S_w)_i^{n+1} - (S_w)_i^n}{\Delta t} \qquad (4.33)$$

右边界：

$$-\frac{1}{\Delta x^2}(M_w)_{i-\frac{1}{2}}(p_i^{n+1} - p_{i-1}^{n+1}) - q_v = \phi\frac{(S_w)_i^{n+1} - (S_w)_i^n}{\Delta t} \qquad (4.34)$$

式中，q_v 取决于岩心的平均流度。

4.2 数值计算及实验对比

4.1 节推导了引入应力敏感性因素的水驱油渗流计算公式，本节利用该公式进行了数值计算。考虑应力敏感性，忽略毛细管压力及流体的压缩性，采用式(4.31)至式(4.34)进行计算。边界条件为进出口两端定压：

$$p_{in} = p_1$$
$$p_{out} = p_2$$

初始条件：

$$S_w = S_{wc}$$

其中，S_{wc} 为束缚水饱和度。

致密岩心驱替实验中得到的相关数据见表 4.1。

表 4.1 相关计算参数

参数	数值	参数	数值
岩心长度，cm	100	孔隙度，%	16
水黏度，mPa·s	1	油黏度，mPa·s	1
进口端压强，MPa	5	出口端压强，MPa	25
围压，MPa	30	绝对渗透率，mD	0.1
束缚水状态下的油相相对渗透率	1	残余油状态下的水相相对渗透率	0.063
油(水)对于应力的敏感性程度，MPa^{-1}	0.07	残余油状态下岩心的含水饱和度，%	68
束缚水饱和度，%	45		

实验岩心的相对渗透率曲线如图 4.1 所示。

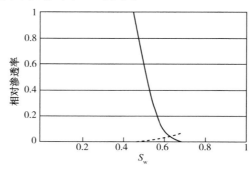

图 4.1 相对渗透率曲线

利用以上参数及曲线进行数值计算，并与实验对比。水驱油过程中前缘分别到达25cm、50cm、75cm、100cm处的孔隙压力分布对比如图4.2和图4.3所示。

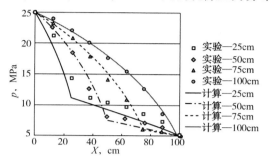

图 4.2　考虑应力敏感性的压力分布图

X—距注入端的距离

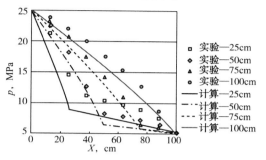

图 4.3　不考虑应力敏感性的压力分布图

由图4.2可见，考虑应力敏感性的数值计算结果与实验结果符合较好，见水前压力分布形态随前缘推进而变化，在前缘处可看到明显的分界点。压力分布不再为直线，这主要是由于致密岩心的应力敏感性造成的。

考虑应力敏感性计算得出的岩心饱和度分布如图4.4所示。

如图4.4可见，水驱油过程体现出明显的活塞式推进特性，这也与CT实验得出的结果相符合。

数值计算出现这样的现象可以由致密岩心的相渗曲线特征来解释：致密岩心，尤其是致密露头岩心，渗流通道本就十分狭窄，其中黏土矿物在遇水时膨胀，会进一步堵塞渗流通道，造成其水相渗透率相对较低。如图4.1中的相渗曲线，油相相对渗透率大约是水相的16倍。这就导致在含水饱和度不高时水相的渗流非常困难，而只有当含水饱和度接近上限，即残余油时的值，水相才能建立起有效的流动，前缘才能向前推进，因而这一过程可看作活塞式驱替。

从驱替开始到水驱前缘突破，按前缘位置等距离取出9个时间点，详细分析长岩心压力分布曲线随前缘推进的变化情况，如图4.5所示。

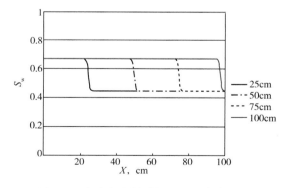

图 4.4　考虑应力敏感性的饱和度分布图

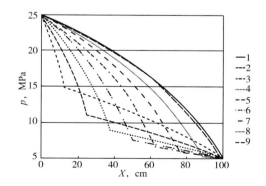

图 4.5　压力曲线随前缘推进的形态变化图

1 至 9—前缘推进的先后顺序

图 4.5 中曲线 1 和曲线 9 分别为初始阶段和最后稳定阶段，均为单相流动，因而为对数函数式分布，两条曲线基本重合。其余曲线均被前缘分为两段，两段皆为对数函数式分布，且前半段较陡而后半段平缓。随着前缘推进，转折点越来越低。图 4.5 体现出的变化规律与长岩心实验基本相似，且其规律更为清楚，可以认为致密岩心在水驱油过程中压力曲线的变化基本是按照这样的方式进行的。

4.3 水驱油两相渗流过程实例计算及分析

表示应力敏感性程度的参数 b、油水黏度比以及绝对渗透率等参数对于渗流过程都有不同程度的影响，本节通过计算分析了这些因素对于渗流过程中压力分布形态、流量情况、渗透率分布等渗流特征的影响程度。

4.3.1 压力、压力梯度分布及有效压力系数分析

4.3.1.1 压力与压力梯度分布研究及影响因素分析

压力分布是本节关注的主要对象，首先研究初始状态下的压力分布，即岩心处于束缚水状态下的油相单相流动。

为研究参数 b 取不同值时对压力分布的影响，计算了以下情况：其余参数按照表 4.1 不变，b 分别取 $0MPa^{-1}$、$0.05MPa^{-1}$、$0.07MPa^{-1}$ 和 $0.1MPa^{-1}$。

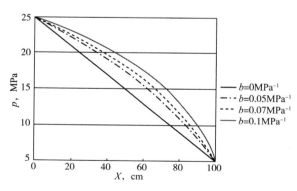

图 4.6　初始状态下不同 b 值的压力分布图

由图 4.6 可见，随着 b 的增大，曲线的偏离直线程度越来越明显，即曲线上凸程度越高。其中，$b=0MPa^{-1}$ 时不考虑应力敏感性的压力分布，实际上为线性分布。这与第 3 章的单相渗流分析一致。

在油单相渗流情况下，黏度比和绝对渗透率等参数不会影响到压力分布曲线的形态，因而不必再进行计算。

以上是初始状态的单相流动分析，下面分析整个水驱油过程的压力分布。由于驱替过程中压力曲线是不断变化的，因而需要取出具有代表性的时刻进行分析。以油水前缘到达岩心中点处时的压力分布图（图 4.7）为例，此时的压力分布比较有代表性，其余时刻的分析都与该图类似。

由图 4.7 可知，在 $X=50cm$ 处压力曲线存在明显的分界点，左侧为两相渗流区，右侧为单相渗流区。可以看出，b 越大，压力曲线的非线性程度越明显。

分析压力梯度的分布情况，可以得到更为直观的结论。

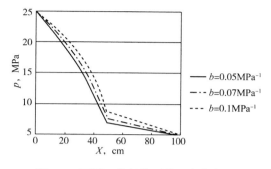

图 4.7 不同 b 值条件下的压力分布图

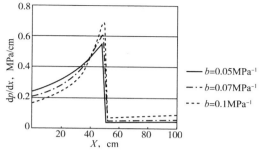

图 4.8 不同 b 值条件下的压力梯度分布图

由图 4.8 可以看出，无论在两相区还是单相区，三条曲线的压力梯度都是一个增大的趋势，这是因为有效围压的增大导致渗透率降低；而在两相区过渡到单相区时，压力梯度很快下降，这是由于两相区油水的流度之和低于单相区的油流度。由于水相渗透率远小于油相，故而压差损失主要集中在两相区；又由于应力敏感性的影响，两相区越接近前缘，压差损失越大。并且 b 值越大时，前缘处压差损失越大。b 值为 0.1MPa^{-1} 时，压力梯度峰值达到平均值的 3.5 倍。可以认为致密油藏水驱油过程中能量损失主要集中在前缘附近。当 b 值为 0.05MPa^{-1} 和 0.1MPa^{-1} 时，压力梯度的峰值分别为 0.54MPa/cm 和 0.69MPa/cm，即 b 值增大一倍时，压力梯度峰值增大 28%。

为研究不同黏度比对压力分布的影响，计算了以下情况：其余参数不变，油黏度比分别取 1、2 和 4。不同黏度比下的压力分布和压力梯度分布如图 4.9 和图 4.10 所示。

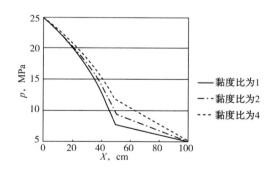

图 4.9 不同黏度比下的压力分布图

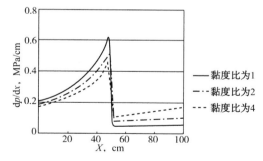

图 4.10 不同黏度比下的压力梯度分布图

由图 4.10 可见，黏度比越大，单相区的压力梯度越大，这是由于油黏度主要影响单相区的流度。当黏度比分别为 1 和 2 时，压力梯度的峰值分别为 0.61MPa/cm 和 0.51MPa/cm，即黏度比增大一倍时，压力梯度的峰值减少 16%。

对比 b 值和黏度比两个因素，发现黏度比对于压力梯度峰值的影响程度低于 b 值，而且两者还存在以下不同：b 值越大，前缘处压力值越大，压力梯度峰值越高；黏度比越大，前缘处压力值越大，压力梯度峰值越低。

若其他参数不变，仅仅改变绝对渗透率，则不会影响到压力曲线的分布形态，如图 4.11 所示。

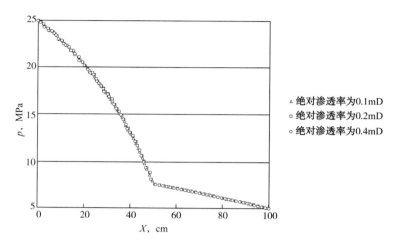

图 4.11　不同绝对渗透率下的压力分布图

4.3.1.2　有效压力系数影响因素分析

为了描述压力分布的变化特征，引入有效压力系数这一概念，其定义为：水驱不同时刻长岩心沿渗流方向压力分布曲线与长度轴的积分面积与束缚水条件下油相流动时压力与长度轴积分面积之比，用 η 表示。由图 4.12 可见，有效压力系数即为 S_1 与 (S_1+S_2) 的比值。有效压力系数实际上体现出了驱替过程中压力的平均水平与其初始状态值的比值。定义式如下：

$$\eta(t) = \frac{\int_0^{100} p(t)\,\mathrm{d}x}{\int_0^{100} p(0)\,\mathrm{d}x} \tag{4.35}$$

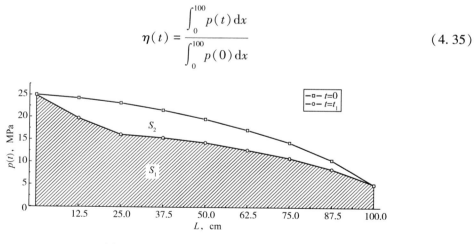

图 4.12　有效压力系数定义示意图

L—距注入端的距离

由图 4.12 可以看出，有效压力系数实际上反映出整个驱替区域的压力保持水平，该参数对能否建立起有效驱替系统具有重要意义。

下面计算前缘到达不同位置时刻的有效压力系数，并分析不同 b 值和黏度比的影响。

由图4.13和图4.14可见，有效压力系数随着前缘推进先快速下降，再缓慢回升。b 值和黏度比越大，有效压力系数越大，即整体压力平均水平较高。由于绝对渗透率不会影响压力分布，故而不再对其进行分析。

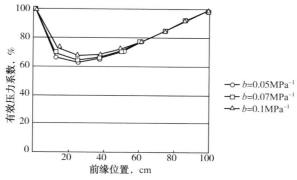

图4.13　不同 b 值条件下的有效压力系数变化图

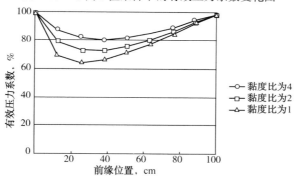

图4.14　不同黏度比下的有效压力系数变化图

4.3.2　流量变化、见水时间及前缘推进速度分析

从前面的分析可以看出，应力敏感性程度即 b 值和黏度比均会影响压力的分布，但若仅仅改变绝对渗透率，压力分布的形态不会发生变化。因而，压力分布不能完全体现出渗流的规律，还应分析各种因素对流量等参数的影响规律。

同样地，计算 b 值分别为 $0.05MPa^{-1}$、$0.07MPa^{-1}$ 和 $0.1MPa^{-1}$ 情况下长岩心中渗流的流量随时间变化规律，如图4.15所示，这里的流量是指油水两相的流量之和。

驱替开始直至见水的整个过程中流量的变化规律如图4.15(a)所示，由于刚开始时流量下降很快，难以看清其规律，因此将 $0\sim500min$ 这一时段放大，如图4.15(b)所示。

从图4.15(a)中可以看出，流量一开始下降非常快，流量曲线几乎是垂直下降，这是由于水驱开始后，前缘处形成了两相区，渗流阻力突然增大造成的。之后流量逐渐趋于平缓，在驱替的绝大部分时间里，流量都是处于一个较为平缓且非常低的水平。b 值越大，即应力敏感性程度越高，总流量越低，见水时间也越长。

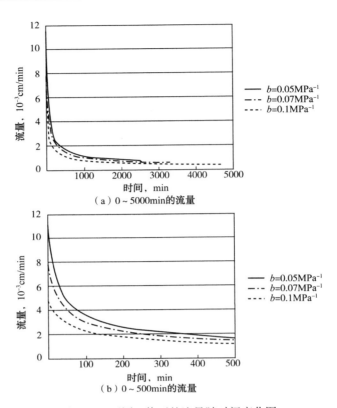

（a）0～5000min的流量

（b）0～500min的流量

图 4.15　不同 b 值下的流量随时间变化图

三条曲线的流量初始值分别为 $10.9×10^{-3}cm/min$、$7.8×10^{-3}cm/min$ 和 $4.7×10^{-3}cm/min$，最终见水时流量值分别为 $0.72×10^{-3}cm/min$、$0.54×10^{-3}cm/min$ 和 $0.36×10^{-3}cm/min$，初始值与最终值之比分别为 15、14 和 13，b 值从 $0.05MPa^{-1}$ 到 $0.1MPa^{-1}$，增加一倍，初始流量降低了 57%，最终值降低了 50%。

下面分析不同黏度比下流量随时间的变化规律，黏度比分别取 1、2 和 4，结果如图 4.16 所示。

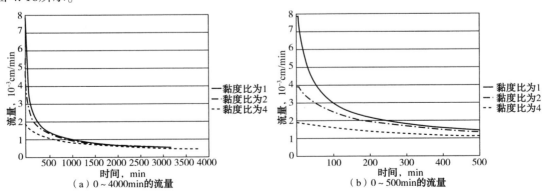

（a）0～4000min的流量　　　　　　（b）0～500min的流量

图 4.16　不同黏度比下的流量随时间变化图

主要的规律与前面的分析类似，黏度比越大，流量越小，流量曲线也越为平缓，这是由于油黏度越大，油水流度的差别就越小，水驱过程中流量变化的幅度就越小。三条曲线的流量初始值分别为 $7.8×10^{-3}$ cm/min、$3.9×10^{-3}$ cm/min 和 $1.95×10^{-3}$ cm/min，最终见水时流量值均为 $0.54×10^{-3}$ cm/min，初始值与最终值之比分别为 14、7 和 3.6，黏度比从 1 到 4，增加了 3 倍，初始流量降低了 75%，最终值不变。这是由于初始状态为油的单相流动，最终状态为水的单相流动。

下面分析不同绝对渗透率 K 下流量随时间的变化规律，K 分别取 0.1mD、0.2mD 和 0.4mD，结果如图 4.17 所示。

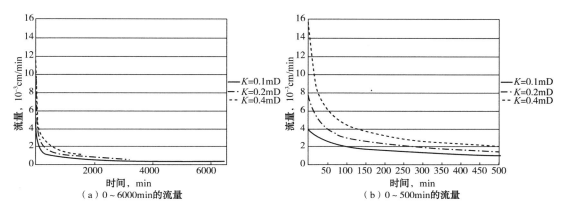

图 4.17　不同绝对渗透率下的流量随时间变化图

主要规律与前面的分析类似，绝对渗透率越小，流量越小，且 K 对见水时间的影响非常明显。三条曲线的流量初始值分别为 $3.9×10^{-3}$ cm/min、$7.8×10^{-3}$ cm/min 和 $15.6×10^{-3}$ cm/min，最终见水时流量值分别为 $0.3×10^{-3}$ cm/min、$0.6×10^{-3}$ cm/min 和 $1.2×10^{-3}$ cm/min，初始值与最终值之比均为 13，K 值从 0.1mD 到 0.4mD，增加了 3 倍，初始流量增加 3 倍，最终值也增加了 3 倍。这表明绝对渗透率对流量的影响可以看作是线性的。

由于流量在渗流过程中是不断变化的，因此用见水时间来间接反映流量的变化规律更为方便。介质变形系数、油水黏度比及绝对渗透率对见水时间的影响如图 4.18 所示。

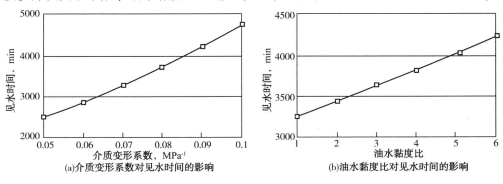

图 4.18　见水时间分析图

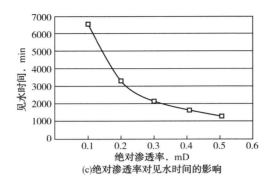

(c)绝对渗透率对见水时间的影响

图 4.18　见水时间分析图(续)

由图 4.18 可见，见水时间与绝对渗透率呈反比关系，与介质变形系数和黏度比都呈线性关系，但不同的是，黏度比对见水时间的影响要远小于前两者。由此可见，影响流量的主要因素为绝对渗透率和介质变形系数，黏度比相对影响较小。

水驱油过程中，前缘推进速度也是一个重要的研究对象，同样地，通过实例计算研究了影响前缘推进速度的各个因素。

图 4.19 为不同 b 值条件下的前缘推进图，其中横坐标为驱替时间，纵坐标为水驱油过程中不同时刻的前缘推进距离占岩心总长度的百分比。

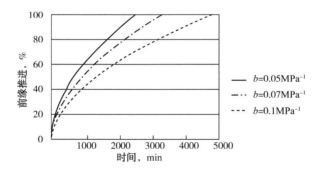

图 4.19　不同 b 值条件下不同时刻的前缘位置图

对图 4.19 中曲线求导后得出的前缘推进速度图(图 4.20)更为直观。

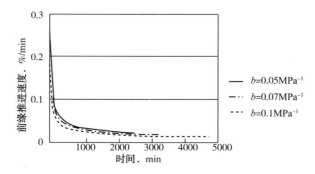

图 4.20　不同 b 值条件下不同时刻的前缘推进速度图

由图 4.20 可见，前缘推进速度在驱替开始后快速下降，然后在较低的值趋于平稳，这一变化规律与流量变化情况类似。b 值越小，速度下降得越快。

下面分析黏度比和绝对渗透率对前缘推进速度的影响，结果如图 4.21 至图 4.24 所示。

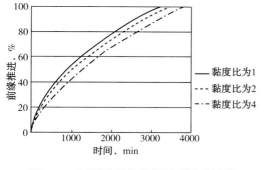

图 4.21　不同黏度比条件下不同时刻的前缘位置图

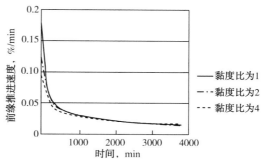

图 4.22　不同黏度比条件下不同时刻的前缘推进速度图

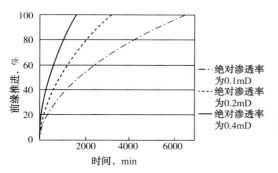

图 4.23　不同绝对渗透率条件下不同时刻的前缘位置图

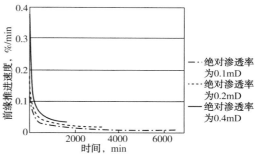

图 4.24　不同绝对渗透率条件下不同时刻的前缘推进速度图

由此可见，黏度比在驱替开始阶段对前缘推进速度影响较大，在驱替的中后段影响不大；而绝对渗透率在整个驱替过程中对其影响都比较大。

4.4　小结

（1）推导了引入应力敏感性的两相渗流理论公式，并利用该公式进行了数值计算，与长岩心实验和未考虑应力敏感性的理论分析结果进行对比，结果表明考虑应力敏感性的计算结果更为接近实验值。

（2）通过实例计算分析了应力敏感性程度 b 值、黏度比和绝对渗透率对压力和压力梯度分布的影响，结果表明 b 值和黏度比都会对压力分布形态造成影响；同时还可以看到，压力梯度损失主要出现在紧靠前缘前端的两相渗流区。

（3）对流量随时间的变化情况、见水时间和前缘推进速度进行了分析，驱替开始后流量会快速下降，而后在很长一段时间内保持平缓，见水时间与绝对渗透率呈反比例关系，与 b 值和黏度比都呈线性关系，但不同的是，黏度比对见水时间的影响要远小于前两者。由此可见，影响流量的主要因素为绝对渗透率和 b 值，黏度比相对影响较小。

参 考 文 献

［1］石玉江，孙小平 . 长庆致密碎屑岩储集层应力敏感性分析［J］. 石油勘探与开发，2001，28（5）：85-87.

［2］黄远智，王恩志 . 低渗透岩石渗透率对有效应力敏感系数的试验研究［J］. 岩石力学与工程学报，2007，26（2）：410-414.

［3］罗瑞兰，程林松，彭建春，等 . 油气储层渗透率应力敏感性与启动压力梯度的关系［J］. 西南石油学院学报，2005，27（3）：20-22.

第5章 不同注入条件下的 CO_2 气驱油实验

本章通过一系列的 CO_2 气驱油实验研究了不同注入条件对采收率和埋存量的影响情况。本章首先对国内外重力驱研究现状进行了调研；然后，介绍了实验目的、实验装置、主要步骤以及岩心和实验流体；最后，进行了 7 组不同注入速度下的 CO_2 重力驱实验和一组 CO_2 水平驱实验，通过实验研究了驱替过程中的压力变化规律，以及注入速度、注入方式（重力驱或水平驱）、注入倍数和注入强度等因素对油采收率和 CO_2 埋存量的影响。

5.1 重力驱研究现状

5.1.1 概况

近年来，国内外注气提高采收率技术发展迅速，在油藏开发方面已经进行了大量的注气驱项目。对于不同的油藏构造、流体性质和气源，这些项目采取了不同的驱替方式，包括混相驱和非混相驱，水平驱和垂向重力稳定驱等。

通常在气驱过程中，由于不利的流度比，往往会出现较为严重的黏性指进现象，进而导致气驱过程的不稳定和低采收率。而气体辅助重力驱（Gas Assisted Gravity Drainage，GAGD）则是利用注入气与原油的密度差，在合理的注气速度下有效抑制注入气的黏性指进，这是一种极有吸引力的采油方法。

5.1.2 重力驱相关理论公式

5.1.2.1 渗流稳定的临界条件

在重力驱过程中，能否保持流体渗流的稳定性，是决定采收率的一个关键因素。而注气速度，则是直接决定渗流稳定性的因素。要保持驱替的稳定，存在一个最大的注气速度，即临界速度；注气速度一旦超过这个临界值，就会发生黏性指进。临界速度是重力驱过程中一个非常关键的参数，国内外对此都已有较多的研究。

Hill[1]首先研究了非混相条件下重力驱保持稳定的临界速度计算公式，假定驱替相和被驱替相的渗透率相等，忽略毛细管压力，则临界速度为：

$$u_c = \frac{\rho_o - \rho_s}{\mu_o - \mu_s} Kg \qquad (5.1)$$

式中，u_c 为临界速度；$\rho_o - \rho_s$ 为密度差；$\mu_o - \mu_s$ 为黏度差；K 为渗透率；g 为重力加速度。

由式(5.1)可见，临界速度与渗透率和密度差成正比，与黏度差成反比。这是最初描述重力驱临界速度的理论计算公式，该公式对模型进行了相当大程度的简化：仅仅适用于非混相的情况，且没有区分驱替相与被驱替相的渗透率。

重力驱过程中油水界面的倾角应当介于水平方向和流动方向之间，忽略岩石和流体的压缩性以及毛细管压力，假定驱替过程为活塞式，进而利用达西定律以及分析各点的压力状态推导出了油水重力驱过程中保持稳定的临界条件：

$$\tan\beta = \frac{1 - M_e}{M_e N_{ge} \cos\alpha} + \tan\alpha \qquad (5.2)$$

$\beta > 0$ 即为保持稳定的临界条件。其中，N_{ge} 为重力数；M_e 为流度比；α 为流动方向与水平方向夹角；β 为油气界面与流动方向的夹角。Dietz 采用了与 Hill 不同的思路，得出的结论在形式上也不同，但是通过推导，Dietz 的公式可以改写为如下形式：

$$u_c = \frac{\rho_o - \rho_w}{\dfrac{\mu_o}{K_{ro}} - \dfrac{\mu_w}{K_{rw}}} Kg\sin\alpha \qquad (5.3)$$

由此可见，Dietz 的结论考虑了油水两相相对渗透率不同这一因素，可以看作是在 Hill 公式基础上的改进。Hawthorne[2]从势函数的角度分析，也得出了类似的结论。研究了在驱替相和被驱替相之间存在混相驱的情况下，重力驱保持稳定需要满足的速度条件。他的主要思路是：假设驱替相与被驱替相两相之间存在一个厚度为 ΔZ 的过渡带，在这个过渡带中，密度和黏度沿 Z 轴方向单调递增，且均可看作 Z 的单调递增函数。通过分析，得出保持重力驱稳定的条件是压力梯度 dp/dZ 沿 Z 轴递增，即 $dp^2/dZ^2 > 0$，进而推导出保持稳定的临界条件为：

$$u_{st} = \left(\frac{d\rho}{d\mu}\right)_{min} Kg \qquad (5.4)$$

与 Hill 的公式相比，Dumore 的结论中密度比和黏度比是一个变量，而速度 u_{st} 对应的是一个最小值，Dumore 称之为稳定速度；而 Hill 得出的 u_c 为临界速度，当注入速度小于 u_{st} 时，驱替完全稳定；当注入速度介于 u_{st} 和 u_c 之间时，驱替部分区域稳定；当注入速度大于 u_c 时，驱替完全不稳定。Dumore 公式的优势在于可以适用于混相，因而实际应用较为广泛。熊钰[3]具体指出了在对水驱后油田进行气驱辅助重力驱的过程中，临界速度计算公式中流度的选择方式：在水驱后进行非混相气重力驱，油、气相的流度应分别采用水驱残余油饱和度下的油相流度和气驱残余油饱和度下的气相流度，即

$$u_c = \frac{\rho_o - \rho_g}{\left(\dfrac{\mu_o}{K_{ro}}\right)_{sorw} - \left(\dfrac{\mu_g}{K_{rg}}\right)_{sorg}} Kg\sin\alpha \qquad (5.5)$$

从式(5.5)可以看出，临界速度实际上主要取决于驱替相与被驱替相的密度差与流度差之比。只是对于不同情况，如混相或非混相、两相或三相，密度差与流度差的选取有所不同。

5.1.2.2 描述驱替过程的基本理论

对于重力驱，描述渗流过程的基本理论主要还是达西定律和连续方程，以及 B-L 驱油理论。对于竖直方向的一维气驱油过程，考虑重力及毛细管压力的影响，忽略流体的压缩性，利用达西定律和连续方程，推导出流体流动需要满足的基本方程为[4]：

$$\begin{cases} \phi \dfrac{\partial S_o}{\partial t} + u \dfrac{\partial f_o}{\partial z} = 0 \\[4mm] f_o = \dfrac{u_o}{u} = \dfrac{\dfrac{\mu_g K_{ro}}{\mu_o K_{rg}} + \dfrac{\Delta \rho_{og} g K K_{ro}}{\mu_o u} + \sigma \sqrt{\phi/K}\, J' \dfrac{\partial S_o}{\partial z}}{1 + \dfrac{\mu_g K_{ro}}{\mu_o K_{rg}}} \end{cases} \qquad (5.6)$$

式(5.6)与常用的 B-L 驱油理论类似，不过含油率 f_o 中包含了重力项与毛细管压力项，而在常规的水驱油过程中，这两项通常忽略。式(5.6)可以看作重力驱过程中流体渗流的基本方程。

若忽略毛细管压力，则 f_o 可看作 K_{ro} 的函数，式(5.6)即退化为常用的 B-L 方程(无量纲化后)：

$$z_D(S_o^*) = f'_{oD} t_D \qquad (5.7)$$

若提出假设，即认为气体流度远大于油流度，则式(5.6)可简化为以下形式：

$$\begin{cases} \dfrac{\partial S_o^*}{\partial t_D} + K'_{ro} \dfrac{\partial S_o^*}{\partial z_D} + N_{cg} \dfrac{\partial}{\partial z_D}\left(K_{ro} J' \dfrac{\partial S_o^*}{\partial z_D}\right) = 0 \\[4mm] N_{cg} = \sigma \sqrt{\phi/K} / (\Delta \rho_{og} g L) \end{cases} \qquad (5.8)$$

式(5.8)适用于气驱油过程，相当于是重力驱的一个特例，该公式仍然考虑了重力和毛细管压力的影响。

若同时忽略毛细管压力并认为气体流度远大于油流度，则式(5.6)可改写为：

$$\begin{cases} \dfrac{\partial S_o^*}{\partial t_D} + K'_{ro} \dfrac{\partial S_o^*}{\partial z_D} = 0 \\[4mm] z_D(S_o^*) = K'_{ro}(S_o^*) t_D \end{cases} \qquad (5.9)$$

式(5.9)对一维重力驱模型进行了较大幅度的简化，从简化后的公式可以看出，重力驱

过程中的流体流动规律主要取决于油相相对渗透率。Hagoort 还提出了一种利用离心机设备测量油相相对渗透率的方法。带倾角的重力驱过程中的驱替理论为：

$$
\begin{cases}
\mathrm{d}x = \dfrac{q_{\mathrm{t}}}{\phi A}\left(\dfrac{\partial f_{\mathrm{g}}}{\partial S_{\mathrm{g}}}\right)_{\mathrm{t}}\mathrm{d}t \\[4mm]
f_{\mathrm{g}} = \dfrac{1 - \dfrac{K_{\mathrm{o}}A_{\mathrm{o}}}{\mu_{\mathrm{o}}q_{\mathrm{t}}}g(\rho_{\mathrm{o}} - \rho_{\mathrm{g}})\dfrac{\sin\beta}{\cos(\alpha - \beta)}}{1 + \dfrac{\mu_{\mathrm{g}}K_{\mathrm{o}}A_{\mathrm{o}}}{\mu_{\mathrm{o}}K_{\mathrm{g}}A_{\mathrm{g}}}}
\end{cases} \tag{5.10}
$$

式中，α 为流动方向与水平方向夹角；β 为油气界面与水平方向的夹角。

式(5.10)适用于带倾角的一维重力驱模型，考虑了重力效应并忽略了毛细管压力。利用该理论，Hawthorne 计算得出了气驱油过程中油气界面的形态，并与实验结果进行了对比。结果发现，驱替过程中渗流稳定时两者符合较好，渗流不稳定时符合较差。

由以上的理论公式可以看出，重力驱的基本驱替理论与通常在水驱油过程中使用的 B-L 理论相近，不过往往要考虑重力因素的影响。

5.1.3 重力驱有关实验及应用

5.1.3.1 室内实验研究

国内外针对气驱辅助重力驱进行了很多的室内实验研究，其研究内容主要包括：气驱过程中流体流动规律，注入气类型、岩心润湿性、注气方式、地层倾角等对于重力驱采收率的影响因素，以及驱替过程中三相饱和度的分布规律等。

Kantzas 等[5]利用二维微观模型实验，在孔喉的尺度上研究了气驱辅助重力驱过程中的三相流动规律及其饱和度分布情况。在气驱过程中观察到，孔隙中孤立的油滴被气体驱替后逐渐合并，形成流动油带(Oil Bank)，并向出口移动。最终孔隙内气体占据中心位置，水位于孔隙表面，而油处于两者之间。

Hustad 和 Torleif[6]为研究不同注入气类型对采收率的影响，进行了两组垂直高渗透岩心的重力稳定驱替实验，分别使用了平衡气(主要为甲烷)和非平衡气(主要为 CO_2)，通过两者的对比以揭示气化作用的影响。实验在 99℃、31MPa 条件下进行，对束缚水状态下的岩心先水驱，然后以注入气重力驱。实验结果发现，注气后立即产水，油和水同一时间突破，导致产水量立即下降，最终采收率非平衡气高于平衡气，说明在气驱重力驱过程中油的气化作用对于提高采收率具有积极意义。

Caubit 等[7]利用双能量 γ 射线衰减技术测量了人工合成岩心在气驱辅助重力驱过程中的油、水、气三相饱和度分布情况。结果表明：实验结束后岩心下端含油饱和度较高，含气饱和度低，这说明岩心出口端油采出效果不好，发生了黏性指进；而含水饱和度分布较为均匀，保持在束缚水状态，这说明气驱过程中束缚水未发生流动。

庞进[8]利用长岩心进行气驱辅助重力驱，研究了岩心倾角对驱替效率的影响。实验使用了由若干个短岩心组合成的长岩心，分别进行了岩心水平放置和倾角50°放置两种情况下的水驱后气驱实验。实验结果为：两组实验的水驱采收率都比较高（水平岩心66.3%，倾斜岩心65.2%），气驱后采收率均有一定的提高（水平岩心71.3%，倾斜岩心73.6%），倾斜岩心气驱采收率高于水平的，可见重力效应有利于采油。

Sohrabi等[9]利用刻在玻璃片上的微观孔喉模型进行了CO$_2$重力驱替重油的实验，通过水驱和气驱的反复交替，来研究采收率的变化情况。结果表明，实验开始阶段由于非常不利的流度比，水驱驱替效果非常差；随后气驱过程中CO$_2$逐渐溶于油中，使得原油颜色变浅，改善了流度比，使得采收率显著提高。

截至目前，气驱辅助重力驱室内实验主要是对影响采收率的各种因素进行研究，而重力驱过程中渗流的稳定性直接影响到最终的采收率。前面提到了重力驱过程中保持渗流稳定的临界条件，其主要影响因素是注入速度，而对于不同注入速度对于采收率的影响这方面的实验研究还相对较少。此外，在CO$_2$气驱重力驱实验中，很少有关注到CO$_2$在岩心中的埋存量。而CO$_2$的地质埋存是将来减排的主要手段，因此研究不同注入条件下的CO$_2$埋存效率也是很有意义的。

5.1.3.2 油藏现场应用

采用气驱辅助重力驱来提高采收率，国外已经有非常多的油藏项目，尤其是北美地区，表5.1列举了一些典型气驱项目的主要参数。

表5.1 典型气驱项目实例[10-13]

项目	West Hackberry	Hawkins Dexter Sand	Weeks Island SRB-Pilot	Bay St. Elaine	Wizard Lake D3A	Westpem Nisku D	Wolfcamp Reef	Intisar D	Handil Main Zone
国家及地区	美国路易斯安那州	美国得克萨斯州	美国路易斯安那州	美国路易斯安那州	加拿大艾伯塔省	加拿大艾伯塔省	美国得克萨斯州	利比亚	婆罗洲
孔隙度，%	27.6~23.9	27	26	32.9	10.94	12	8.5	22	25
渗透率，mD	300~1000	3400	1200	1480	1375	1050	110	200	10~2000
束缚水饱和度，%	19~23	13	10	15	5.64	11	20	16~38	22
水驱残余油饱和度，%	26	35	22	20	35	—	35	20~30	28
气驱残余油饱和度，%	8	12	1.9		24.5		10	—	—
油藏温度，℉	205~195	168	225	164	167	218	151	226	
油藏倾角，（°）	23~35	8	26	36	—	—	—	—	5~12

项目	West Hackberry	Hawkins Dexter Sand	Weeks Island SRB-Pilot	Bay St. Elaine	Wizard Lake D3A	Westpem Nisku D	Wolfcamp Reef	Intisar D	Handil Main Zone
原油黏度，mPa·s	0.9	3.7	0.45	0.667	—	0.19	0.43	0.46	0.6~1
注入气类型	空气	氮气	CO_2	CO_2	烃	烃	CO_2	烃	烃
水驱采收率，%	60	60	60~70	76.5	62.9	—	56.3	—	58
气驱采收率，%	90	>80	60	85	95.5	84	74.8	67.5	

从气驱提高采收率程度的角度来看，水驱后进行气驱辅助重力驱的效果明显，大部分提高 20% 以上。

5.1.4　研究现状小结

（1）重力驱过程中保持渗流的稳定非常重要，而渗流稳定的临界条件主要取决于注气速度。对于临界速度的计算公式，在不同的假设条件下，有着许多不同的形式；但是其基本原理是类似的，即临界速度主要取决于两相的密度比和流度比，只是对于不同的情况选取有所不同。描述重力驱驱替过程的基本理论仍然包括达西定律、连续方程以及 B-L 驱油理论等，不同的是，更多地考虑了重力这一因素对驱替过程的影响。

（2）室内实验的主要研究对象是：注入气类型、岩心润湿性、注气方式、地层倾角等气驱辅助重力驱采收率的影响因素，重力驱过程中各相流体渗流规律，以及三相饱和度分布特征等。国外尤其是北美地区有很多典型的气驱项目，对于提高水驱后的油藏采收率有着非常明显的效果，而且这些油藏也基本符合适用重力驱的筛选条件。

（3）通过前面文献调研可知，重力驱过程中注气速度是一个比较关键的影响因素，而针对不同注气速度对驱替效率影响的实验却相对较少。此外，在 CO_2 气驱重力驱实验中，很少有关注到 CO_2 埋存量的研究，而 CO_2 地质埋存将是今后减排的主要手段，因此对不同注入条件下 CO_2 埋存效率的研究也是非常有意义的。

5.2　气驱油实验装置及流程

5.2.1　实验目的

通过若干组水驱后岩心在不同注入条件下的 CO_2 气驱辅助重力驱实验，在模拟油藏温度及压力的实验条件下，研究了不同注入速度对提高驱替效率的影响，以及对 CO_2 埋存量的影响。此外，还进行了一组水平条件下的 CO$_2$气驱实验，并与重力驱的实验结果进行了对比。

5.2.2 实验装置

实验装置如图 5.1 所示。

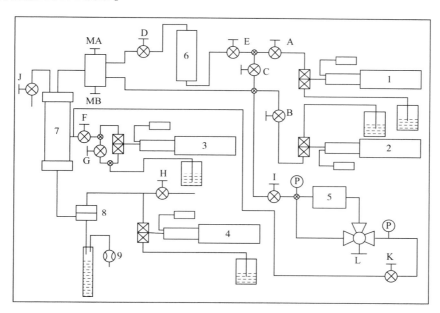

图 5.1 实验装置示意图

1—油泵；2—水泵；3—围压泵；4—回压泵；5—压差传感器；
6—中间容器；7—夹持器；8—回压阀；9—流量计

如图 5.2 所示，实验装置主要由驱替系统、长岩心夹持器系统、恒温装置、围压系统、回压控制器等部分构成。为了实现重力驱与水平驱的实验结果对比，夹持器倾角可调，既可以水平放置，也可以垂直放置。为了模拟油藏条件，整个实验装置放置于一个大型恒温箱之内。中间容器用于气驱，其活塞下部为白油，上部充满 CO$_2$。油泵和水泵分别用于造束缚水和

图 5.2 实验装置

水驱；而在气驱时，也以油泵驱动活塞。压差传感器两端分别连通围压系统和驱替系统，以自动控制围压泵，确保夹持器胶套外维持合理围压。

5.2.3 实验岩心及流体

实验流体分别采用 20000mg/L 的标准盐水、5# 与 15# 配制的白油。在实验条件下（50℃）盐水密度为 1.004g/cm³，白油密度为 0.815g/cm³。两者的黏温曲线如图 5.3 和图 5.4所示。

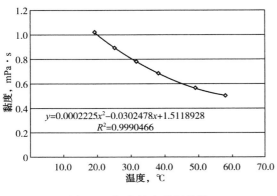

图 5.3 标准盐水黏温曲线　　　　　图 5.4 白油黏温曲线

实验岩心采用相同材料加工而成的露头岩心，相关参数见表 5.2。

表 5.2 岩心参数

岩样	长度 cm	截面积 cm²	气测渗透率 mD	干重 g	湿重 g	孔隙体积 mL	孔隙度 %
3-4-1	22.258	11.139	1152	496.57	555.69	58.4	23.6
3-4-2	21.638	11.192	1016	480.66	538.71	57.3	23.7
3-4-3	21.988	10.939	1104	480.04	538.41	57.7	24.0
3-4-5	22.162	11.175	967	491.68	550.78	58.3	23.5
3-4-7	22.884	11.151	1240	505.73	567.30	60.7	23.8
3-4-9	21.596	10.980	1231	475.77	530.99	54.4	23.0
3-4-10	21.476	10.945	1132	474.00	528.18	53.4	22.7
3-4-11	21.890	11.003	1202	478.62	536.29	56.9	23.6

由表 5.2 可见，实验岩心的各项参数非常接近，通过 CT 扫描，其均质性程度也能满足实验要求，因此可以认为各个实验的岩样相同，实验结果仅取决于注入条件。

5.2.4 主要实验步骤

在岩心加工完毕后，需要对岩心进行一系列的准备工作。首先，通过常规测试实验获取其主要孔渗参数，然后以CT扫描实验确认其均质性程度满足实验要求，再进行常规的烘干以及抽空饱和处理，最后进行驱替实验。

为模拟油藏的温度及压力条件，驱替实验在50℃、回压10MPa（1450psi）的条件下进行。各组实验中水驱速度均为1mL/min，由于驱替过程为活塞式，见水后几乎不再出油，水驱注水量均略大于1倍孔隙体积。水驱后立即进行气驱，气驱速度分别采用了0.1mL/min、0.25mL/min和0.5mL/min三个档次。此外，还进行了一组0.25mL/min速度下的水平驱替实验。

大致的驱替实验流程主要为：测水相渗透率→造束缚水→测油相渗透率→水驱→气驱。

（1）测水相渗透率：实验开始前应以水泵驱替足够长时间，确保夹持器入口端管线中的油和气已被驱除，并将夹持器擦拭干净。出口端管线及用于岩心加长的钢块应先测量死体积，岩心装入夹持器后有效围压保持500psi。为排除夹持器进口端的空气，应先将出口端堵死，打开夹持器进口排空阀，以3mL/min的速度水驱排气。排完后将夹持器出口端管线连上，将水泵传感器清零，以5mL/min的速度测水相渗透率，记录压力，同时记录室温。

（2）造束缚水：先将回压阀出口处堵死，利用油泵以1mL/min的速度排除夹持器进口管线中的水（速度不能过大，以免岩心中的水被带出），排完后以0.1mL/min的速度造束缚水，直至不再出水为止，岩心中大部分水在此过程中被驱出。之后分别以0.2mL/min、0.5mL/min、1mL/min、2mL/min和3mL/min的速度造束缚水，每个速度都要驱至不再出水为止。

（3）测油相渗透率：打开烘箱设定温度为50℃，加热6h以上，以确保岩心被充分加热。完成后以3mL/min的速度测量油相渗透率。

（4）水驱：水驱过程中需保持回压1450psi，夹持器有效围压保持在500psi，同样需要先以1mL/min的速度排除夹持器上端管线中的油。排油后以1mL/min的速度水驱，以出口端液体流动为准，开始秒表计时，实验开始，同时需要开始记录并采集注水量和压力等数据。在见水时以及更换试管时需要记录时间与压力，结束后记录各个试管中的油水体积量。

（5）气驱：以油泵驱动中间容器的活塞，将CO$_2$注入夹持器，水泵传感器用于检测注入端压力。前5组实验直接以回压泵压力作为夹持器出口端压力，后3组进行了改进，利用传感器直接检测出口端压力。具体实验开始时，先将回压升至2000psi，利用CO$_2$排除夹持器进口端管线中的水，然后调节油泵使注入端气体压力达到1450psi。之后迅速降低回压至1450psi，油泵恒速驱替。在此过程中，以出口端液体流动为准，实验开始，记录相关数据。见气前后均要按出液量情况记录若干组数据，包括时间、油水体积、气体体积、压力等，气驱至 2PV 时结束。结束后逐级降低回压，分别在 1000psi、500psi 和 0psi 时记录油水量，模拟油藏衰竭开采。

5.3　气驱油实验结果及分析

总共进行了 8 组实验，主要情况见表 5.3。

表 5.3　各组实验注入条件

编号	驱替方式	气驱速度 mL/min	备注
3-4-1	垂直	0.5	
3-4-2	垂直	0.1	
3-4-3	垂直	0.25	造束缚水阶段有气进入岩心，见气时间偏晚
3-4-5	水平	0.25	
3-4-7	垂直	0.1	胶套漏气严重，围压系统内发现大量气体
3-4-9	垂直	0.25	
3-4-10	垂直	0.1	实验异常，产液速度远远大于注入速度
3-4-11	垂直	0.1	实验异常

5.3.1　压力变化规律分析

5.3.1.1　水驱阶段

8 组实验的水驱阶段压力变化如图 5.5 所示。

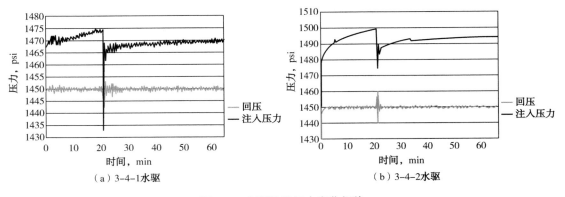

（a）3-4-1水驱　　　　　　　　　　（b）3-4-2水驱

图 5.5　水驱阶段压力变化规律

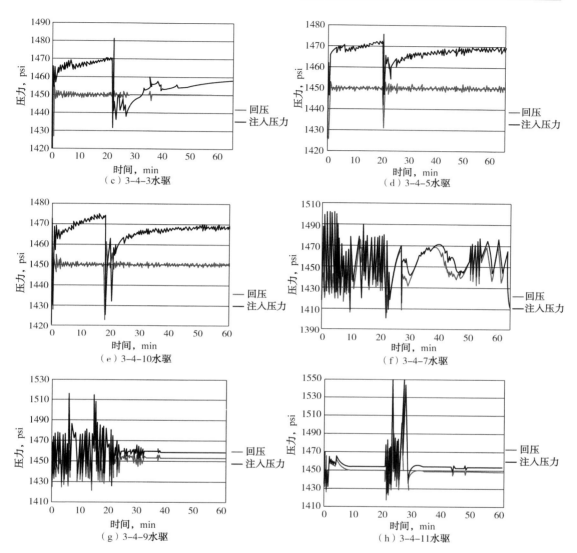

图5.5 水驱阶段压力变化规律(续)

3-4-1、3-4-2、3-4-3、3-4-5 和 3-4-10 这 5 组实验没有检测回压，而是以回压泵压力代替回压，这与实际状况有一定的偏差。但是可以明显看出，水驱开始阶段压力逐步上升，见水突破时突然大幅度下降，随后压力有所回升并最终趋于稳定。开始阶段的压力上升是由于岩心内的渗流状态由油的单相流动变为油水两相流动，毛细管压力的作用和油水的相互干扰导致了总的渗流阻力增大；突破时的压力下降是由于毛细管压力在端面处的不连续造成的，也就是末端效应；最后又变为水的单相流动，压力趋于稳定。

3-4-7、3-4-9 和 3-4-11 这 3 组实验检测了真实回压，但由于更换了回压泵，回压控制不稳定，导致实验中压力有不同程度的异常波动。注入压力与回压的差值如图 5.6 所示。

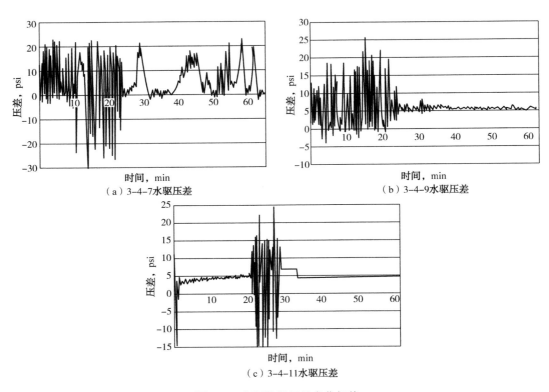

（a）3-4-7水驱压差　　　　　　　　　（b）3-4-9水驱压差

（c）3-4-11水驱压差

图 5.6　水驱阶段压差变化规律

尽管波动较大，但还是能看出突破时压力下降，尤其 3-4-11 组实验体现出的规律与之前的分析相吻合。

5.3.1.2　气驱阶段

由于 3-4-10 组气驱阶段出现较严重的异常情况，其气驱阶段相关结果不可信。其余实验气驱阶段压力及压差变化规律如图 5.7 所示。

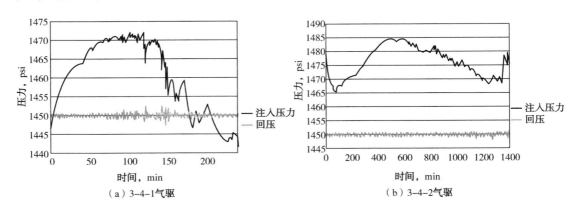

（a）3-4-1气驱　　　　　　　　　　　（b）3-4-2气驱

图 5.7　气驱阶段压力及压差

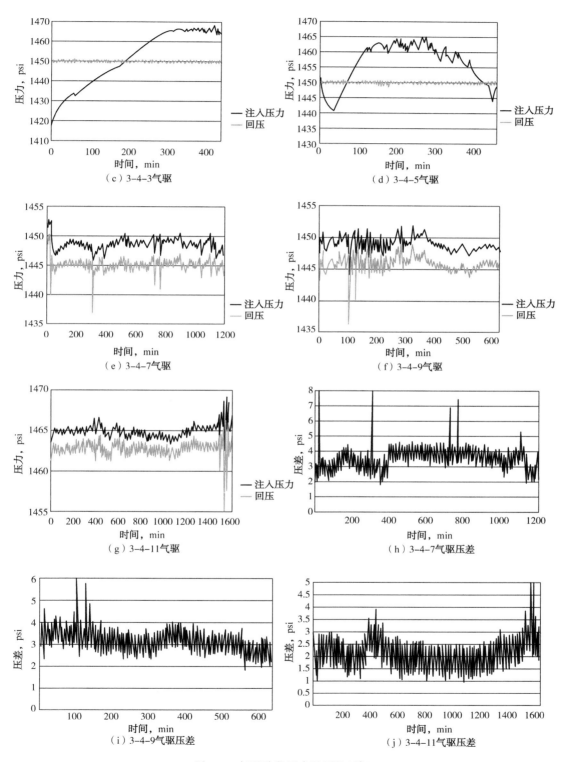

图 5.7　气驱阶段压力及压差(续)

前4组实验固定回压，注入压力大致为先升高后降低的趋势；分析其原因应当是前期油水饱和度较高、渗流阻力较大，而后期气饱和度较高、渗流阻力较小。不过3-4-3组实验由于见气偏晚，没有出现降低趋势。

后3组没有固定回压，而是通过调节回压使注入压力始终处于一个较为稳定的值。

5.3.2 水驱及气驱实验驱替效率对比分析

对未出现异常的4组实验结果进行分析，包括3-4-2（0.1mL/min 垂直）、3-4-9（0.25mL/min 垂直）、3-4-1（0.5mL/min 垂直）和3-4-5（0.25mL/min 水平），分析了油水气产量、采收率以及采液效率等参数。

5.3.2.1 气驱实验油、气、水产量

气驱过程中油、气、水产量随注入倍数的变化规律如图5.8所示，其中三相产量均为累计产量，气体体积换算成了实验条件下的体积，注入量是注入气在实验条件下的体积与岩心孔隙体积的比值，单位为PV。

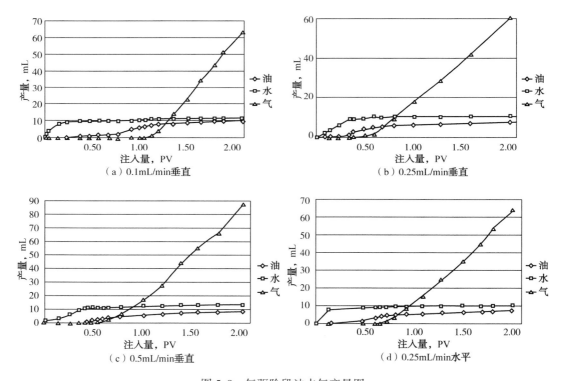

图5.8 气驱阶段油水气产量图

由图5.8可见，各组实验的大致规律是一致的，即开始气驱后即产水，出油后产水速率快速下降直至水产量趋于稳定；出油和见气基本是在同一时段，不过产油速率逐渐下降，产量最后趋于稳定，而产气速率越来越快，直至产气速率趋于稳定。水产量略高于油产量，气产量最高。

5.3.2.2 水驱及气驱实验采收率分析

首先，分析不同注入速度对重力驱采收率的影响。

由图5.9可见，0.1mL/min的采收率最高，0.5mL/min次之，0.25mL/min最低，即随着注入速度的增大，气驱提高采收率的程度先降低后升高。分析其原因应当是：当注入速度较低时，重力驱较稳定，采收率主要取决于重力驱的稳定程度，速度越低越稳定，采收率越高；当注入速度较高时，重力驱处于不稳定状态，而此时更高的注入速度能够带出更多的油，因此提高注入速度能够促进采收率的提高。水驱采收率不完全相同，这对实验结果有一定的影响，不过之后的分析将会排除水驱结果的干扰。

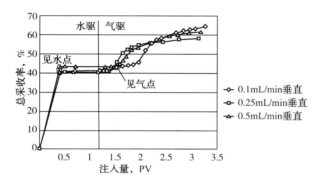

图5.9 不同注入速度下的水驱及气驱采收率对比

还可以看到，3组实验的见水点和见气点基本在一起，这说明见水时间和见气时间主要取决于注入倍数。水驱为活塞式，见水后基本不再出油；气驱阶段可以看到见气前采收率基本不变，见气后采收率才有明显的提高。

然后，分析水平和垂直注入条件对采收率的影响。

由图5.10可见，重力驱的采收率高于水平驱，由此可见，气驱过程中重力作用确实有利于提高采收率。

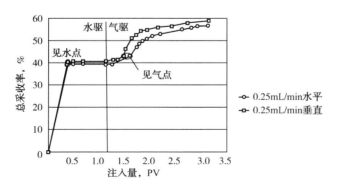

图5.10 水平及垂直注入条件下的水驱及气驱采收率对比

前面的分析综合考虑了水驱和气驱的采收率情况，但水驱采收率略有区别，因而不能完全说明气驱过程中不同注入条件对驱替效率的影响。分析气驱阶段产油量与水驱结束时残余油量的比值(即残余油的采出程度)，更能体现出不同实验条件下气驱提高采收率的效率。不同注入速度及不同注入条件下残余油的采出程度对比如图 5.11 和图 5.12 所示。

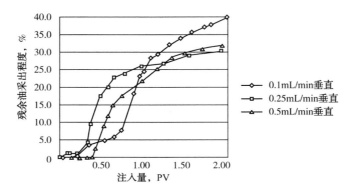

图 5.11　不同注入速度下的残余油采出程度对比

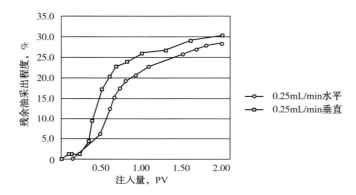

图 5.12　水平及垂直注入条件下的残余油采出程度对比

其中：残余油采出程度=气驱产油量/水驱结束时残余油量×100%。

5.3.2.3　气驱实验采液效率分析

采液效率为气驱过程中产水量和产油量之和与孔隙体积的比值，采液效率随注入倍数的变化规律如图 5.13 和图 5.14 所示。

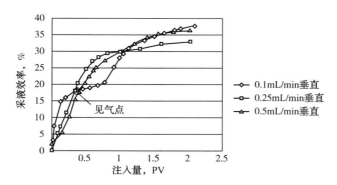

图 5.13　不同注入速度下的采液效率对比

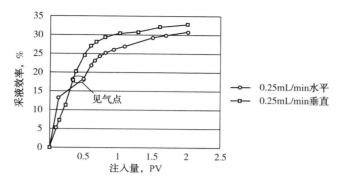

图 5.14 水平及垂直注入条件下的采液效率对比

采液效率与采收率类似,随着注入速度的增大先降低后升高,重力驱高于水平驱,其原因也与之前类似。从采液效率的变化规律可以看出,随着注入倍数的增大,采液效率增长较快,即产液速度较大;到后期增长放缓并最终趋于稳定,此时几乎不再产液。

5.3.3 注入倍数和注入强度对采收率的影响

5.3.3.1 注入倍数对采收率的影响

实验 3-4-9 组气驱阶段进行到约 3PV 才结束,由图 5.15 可以看到,注入倍数对于采收率提高的影响程度。

采收率会随着注入倍数的增加一直提高,不过提高的主要时间段介于见气点(0.34PV)和 1PV 之间。在注入倍数大于 1PV 后,采收率曲线趋于平缓,产油速率下降。

5.3.3.2 注入强度对采收率的影响

实验 3-4-11 组尽管出现了异常情况,不能与其他几组实验结果直接对比。但是该组实验通过逐级改变 CO₂ 的注入速度,还是能反映出注入强度对于气驱阶段采收率的影响。该实验在气驱阶段分别以 0.1mL/min、0.25mL/min、0.5mL/min 和 1mL/min 的注入速度进行气驱,注入速度由小到大,且每次改变速度均是在当前速度下出油量基本稳定以后才进行。气驱阶段的采收率随注入强度的变化规律如图 5.16 所示。

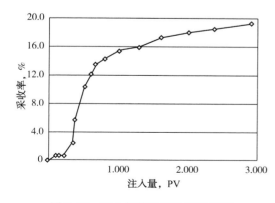

图 5.15 注入倍数对采收率的影响

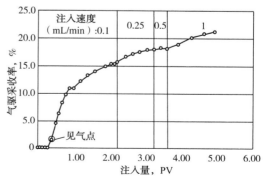

图 5.16 注入强度对采收率的影响

由图 5.16 可见，每次改变速度均能不同程度地提高采收率，不过大部分油在 0.1mL/min 阶段采出，且在每个阶段随着注入速度的增加，采收率提高的速率越来越小。将各个阶段的数据汇总，见表 5.4。

表 5.4　注入强度实验结果

注入速度，mL/min	0.1	0.25	0.5	1
注入量，PV	2.21	1.01	0.36	1.68
累计注入量，PV	2.21	3.22	3.58	5.26
采收率，%	15.7	2.3	0.2	3.6
累计采收率，%	15.7	18.0	18.2	21.8

实验结果（表 5.4）表明，注气过程中逐级提高注入速度，加大渗流流体的动能，能够明显地提高采收率。

5.3.4　注入气 CO_2 埋存量研究

地质埋存被看作 CO_2 减排的主要工程手段，而对于水驱后油藏进行 CO_2 气驱，既能够提高采收率，又能够埋存 CO_2，一举两得，因而本章还对注入气 CO_2 的埋存量进行了研究。

实验获取的数据主要包括注气量和产气量，其中注气量以注入中间容器的油体积为准，产气量以气体流量计获取的气体体积换算到实验条件下的体积为准。将两者无量纲化，即除以孔隙体积，得到产气曲线，如图 5.17 和图 5.18 所示。

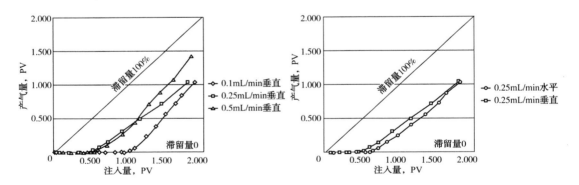

图 5.17　不同注入速度下的产气量对比　　　　图 5.18　水平及垂直注入条件下的产气量对比

图 5.17 和图 5.18 中的滞留量为注入量与产气量之差和注入量的比值，即：
$$滞留量 = (注入量 - 产气量)/注入量 \times 100\%$$

图 5.17 和图 5.18 中画出了滞留量 0 和 100% 两条直线，所有产气曲线都应当介于这两条直线之间。由图 5.17 可见，注入速度越大，产气量越高；而水平与垂直两种驱替方式的产气量相当。产气曲线对于 CO_2 的埋存情况还不够直观，分析滞留量随注入倍数的变化规律，结果如图 5.19 和图 5.20 所示。

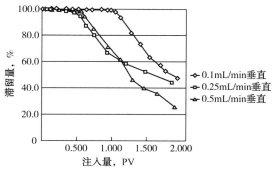

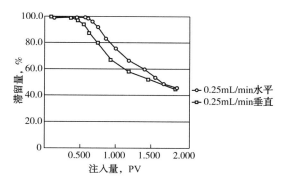

图 5.19 不同注入速度下的滞留量对比　　　图 5.20 水平及垂直注入条件下的滞留量对比

滞留量直接反映出 CO_2 的埋存效率，滞留量越大，表明单位体积注入气的埋存效率越高。由图 5.19 可见，注入速度越小，滞留量越大，而水平和垂直的注入方式对其影响不大。分析其原因，影响滞留量的主要因素应当是注入时间，由于注入孔隙体积倍数相同，因而不同的注入速度对应不同的时间。注入速度越小，注入时间越长，CO_2 溶解于岩心中的液体就越充分，与岩心中的部分物质发生的化学反应也越充分，因而埋存的 CO_2 量就越大。

5.3.5　模拟衰竭开采实验结果

在气驱实验结束后，为了模拟油藏衰竭开采，在回压逐级降低过程中，记录了回压在 1000psi、500psi 和 0psi 时的油水产量，并计算其采收率，如图 5.21 所示。

同样地，为了排除水驱及气驱阶段的干扰，分析了气驱结束后的残余油采出程度，结果如图 5.22 所示。

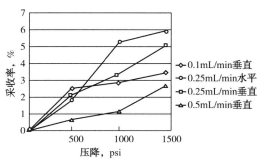

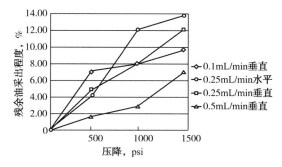

图 5.21 不同注入条件下的衰竭开采　　　图 5.22 不同注入条件下的衰竭开采残余油
采收率对比　　　　　　　　　　　采出程度对比

其中：残余油采出程度＝衰竭开采产油量/气驱结束时残余油量×100%。

采液效率规律如图 5.23 所示。

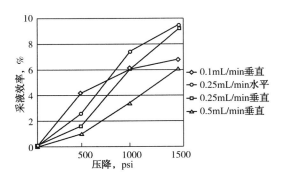

图 5.23　不同注入速度下的采液效率对比

5.3.6　数据汇总

对实验的相关数据进行汇总，见表 5.5 和表 5.6。

表 5.5　水驱数据汇总

岩样	水相渗透率 mD	油相渗透率 mD	气测渗透率 mD	造束缚水 出水量，mL	束缚水饱和度 %	水驱产油量 mL	水驱采收率 %	水驱 方式
3-4-1	500	581	1152	44.0	24.7	19.3	43.8	垂直
3-4-2	313	435	1016	43.2	24.7	17.8	41.3	垂直
3-4-3	511	594	1104	42.5	26.2	18.3	42.9	垂直
3-4-5	389	584	967	43.6	25.2	17.2	39.5	水平
3-4-7	671	935	1240	45.5	25.0	18.0	39.6	垂直
3-4-9	694	932	1231	40.7	25.2	16.5	40.6	垂直
3-4-10	462	671	12	39.2	26.6	14.6	37.3	垂直
3-4-11	742	877	1202	42.1	26.0	17.2	40.9	垂直

注：注入速度均为 1mL/min。

由表 5.5 可见，各组实验的束缚水饱和度相近，水驱过程无论水平还是垂直都是类似的，均为活塞式驱替，且见水时的注入倍数接近，最终的采收率也相差不大。

表 5.6　气驱数据汇总

岩样	注气速度 mL/min	注入 方式	气驱采收率 %	总采收率 %	残余油 采出程度，%	采液效率 %	气驱滞留量 %	衰竭开采 采收率，%
3-4-2	0.1	垂直	23.5	64.8	40.0	37.8	47.5	3.4
3-4-9	0.25	垂直	18.0	58.6	30.3	32.9	44.6	5.1
3-4-1	0.5	垂直	18.0	61.8	32.0	36.3	26.0	2.7
3-4-5	0.25	水平	17.2	56.7	28.4	30.8	45.5	6.0

气驱结果(表5.6)表明，重力驱的采油效率高于水平驱，随着注入速度的增大，重力驱的采油效率先降低后升高；采液效率的变化规律与采油效率类似。气驱滞留量取决于注入速度，也即是注入时间，注入时间越长，滞留量越大。

5.4　小结

(1)从理论和实验两个方面进行了文献调研：理论方面，了解了重力驱过程中保持渗流稳定的临界条件，即临界速度计算公式；此外，还了解了用于描述重力驱过程中的渗流基本理论。实验方面，调研了室内实验对重力驱采收率影响因素的研究，三相饱和度分布特征等；另外，还列举了部分典型气驱油藏实例，以及适用气驱重力驱的油藏筛选条件等。通过调研发现，实验方面对于不同注入速度下的重力驱采油效率研究不足，也没有对不同注入条件下CO₂埋存效率方面的研究。

(2)针对文献调研的结果，设计了一套水驱后气驱辅助重力驱实验流程，建立了相关的实验装置，准备了各项参数相近的均质岩心及相关实验流体，进行了8组不同条件下的实验，包括不同注入速度下的重力驱实验，以及用于对比的水平驱实验。

(3)实验结果表明：各组实验的束缚水饱和度相近，水驱过程无论水平还是垂直都是类似的，均为活塞式驱替，且见水时的注入倍数接近，最终的水驱采收率也相差不大；气驱开始后即产水，出油后产水速率快速下降直至水产量趋于稳定；出油和见气基本是在同一时段，不过产油速率逐渐下降，产量最后趋于稳定，而产气速率越来越快，直至产气速率趋于稳定。水产量略高于油产量，气产量最高。

(4)随着注入速度的增大，采收率提高程度先降低后升高。这是由于在低速阶段，采收率主要取决于重力驱的稳定程度，速度越低越稳定，采收率越高；而在高速阶段时，重力驱处于不稳定状态，此时提高速度能够促进采收率的提高。重力驱的采收率高于水平驱。由此可见，气驱过程中重力作用确实有利于提高采收率。见气时间主要取决于注入倍数。

(5)注入速度越小，CO₂埋存效率越大，而水平和垂直的注入方式对其影响不大。注入速度越小，注入时间越长，CO₂溶解于岩心中的液体就越充分，与岩心中的部分物质发生的化学反应也越充分，因而埋存的CO₂量就越大。

参 考 文 献

[1] Hill. Channeling in packed columns[J]. Chemical Engineering Science, 1952, 1(6): 247-253.

[2] Hawthorne R G. Two-phase flow in two-dimensional systems-effects of rate, viscosity and density on fluid displacement in porous media[J]. Trans AIME, 1960, 219: 81-87.

[3] 熊钰, 孙良田, 孙雷, 等. 倾斜多层油藏注N₂非混相驱合理注气速度研究[J]. 西南石油学院学报, 2002, 24(5): 34-36.

［4］Hagoort J. Oil recovery by gravity drainage［J］. Soc. Pet. Eng. J.，1980，20(3)：139-150.

［5］Kantzas A，Chatzis I，Dullien F A L. Mechanisms of capillary displacement of residual oil by gravity-assisted inert gas injection［C］. SPE 17506，1988：297-307.

［6］Hustad O S，Torleif Holt. Gravity stable displacement of oil by hydrocarbon gas after waterflooding［C］. SPE/DOE 24116，1992：131-146.

［7］Caubit C，Bertin H，Hamon G. Three-phase saturation measurement during gravity drainage and tertiary waterflood：improvement of dual energy gamma-ray attenuation technique［C］. SCA 2004-06，2004.

［8］庞进. 顶部注气重力稳定驱提高采收率机理研究［D］. 成都：西南石油大学，2006.

［9］Mehran Sohrabi，Alireza Emadi，Mahmoud Jamiolahmady. Mechanisms of extra-heavy oil recovery by gravity-stable CO_2 injection［C］. SCA 2008-20，2008.

［10］Rao D N，Ayirala S C，Kulkarni M M，et al. Development of gas assisted gravity drainage (GAGD) process for improved light oil recovery［C］. SPE 89357-MS，2004：1-12.

［11］Gillham T H，Cerveny B W，Turek E A，et al. Keys to increasing production via air injection in Gulf Coast light oil reservoirs［C］. SPE 38848，1997.

［12］Carlson L O. Performance of Hawkins field unit under gas drive-pressure maintenance operations and development of an enhanced oil recovery project［C］. SPE 17324，1988.

［13］Johnston J R. Weeks island gravity stable CO_2 pilot［C］. SPE 17351，1988.

第6章 致密储层多相渗流压力分布研究

本章基于长岩心驱替实验装置开展了水驱、氮气驱和二氧化碳驱实验，并采用压力传感器监测多相渗流沿程压力分布特征，并对不同驱替模式下的致密油储层提高采收率机理进行分析。

6.1 致密储层水驱油压力分布特征

在岩心模拟方面，常规短岩心实验无法布置测压点，很难得到岩心内部的渗流规律。通过短岩心对接而成的长岩心，会存在多个对接端面，对中高渗透率模拟影响小，而对致密模拟而言，因对接产生的端面会产生毛细管突变而引起严重的端面效应，导致渗流规律失真。因此，研发了1m长整体无对接露头岩心多测点模拟平台，克服了应用对接长岩心进行物理模拟实验所产生的端面效应。

实验装置主要由长岩心模拟系统、ISCO驱替泵、中间容器、回压装置、压力自动采集系统、恒温箱、采出液自动采集计量等装置组成，如图6.1所示。

图6.1 长岩心驱替实验装置

长岩心模拟系统采用规格为 4.5cm×4.5cm×100cm 的致密露头长岩心，岩心为整体切割、无对接。沿渗流方向均匀布置9个测压点，每两测压点对应岩心长度12.5cm，通过压力传感器、压力自动采集系统进行压力实时采集，本实验中设置采集压力数据周期为10点/min。模拟系统进口压力（P1）由 ISCO 泵控制，模拟油藏注水压力，出口压力（P9）由回压阀控制，模拟开采过程中井底流动压力。实验围压由恒压泵控制，压力范围5~30MPa，本实验水驱油围压设置为32MPa。

通过实时对系统模拟过程中9个测压点的压力采集，实现了对致密长岩心渗流、驱油过程中内部沿程压力的动态监测，有效揭示了致密油藏渗流、驱油过程中内部压力变化特征及规律，为认识致密油藏提供了可靠的依据和基础。

进行了长岩心水驱油实验研究，采用的露头长岩心气测渗透率为1.96mD，孔隙度为13.8%，平均孔隙半径为1.234μm，孔隙分布形态与地层岩心相近，可以较好地模拟实际储层的孔隙结构特征。该实验模拟了长庆油田致密油藏注水特征，使用长庆油田模拟地层水和模拟油，地层水黏度为1mPa·s，矿化度为10000mg/L，模拟原油黏度为1mPa·s，实验步骤如下：

（1）长岩心在105℃恒温箱中烘干48h。

（2）将岩心放入模型中，加围压4MPa，测试岩心气测渗透率。

（3）将模型抽真空24h至模型内岩心真空度达到-0.1MPa。采用加压法将岩心缓慢饱和地层水，为减小应力敏感效应，饱和过程中岩心净有效应力不超过3MPa。最终使地层水饱和压力达到25MPa，再增加围压至32MPa。

（4）使用模拟油造束缚水，恒压7MPa，岩心出口回压5MPa，且逐渐提高驱替压力至25MPa，直至饱和油量达到20倍孔隙体积。

（5）进行水驱油，水驱压力25MPa，采出端回压5MPa，实时采集水驱油过程岩心不同位置各测压点压力动态变化，计量采出油水量。

6.1.1 水驱油过程压力监测

水驱过程中，岩心不同位置测压点压力动态变化如图6.2所示。

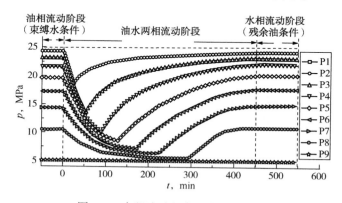

图6.2 水驱油过程中压力动态变化

测试曲线分为三个阶段：（1）束缚水条件下油相流动阶段；（2）油水两相共渗阶段；（3）残余油状态下水相流动阶段。选择了水驱前缘推进到达不同测压点的时间(25.5min、54.5min、89min、127.5min、168min、224min、292.5min和380.5min)绘制长岩心压力沿程分布曲线，为了较好地体现水驱压力动态变化特征，又选取了与之相邻时间间隔为5min的

10 个时刻和 0 时刻，绘制了长岩心压力沿驱替方向分布曲线，如图 6.3 所示。

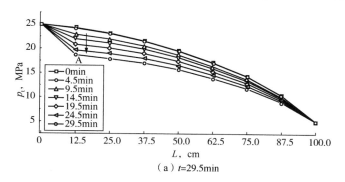

（a）t=29.5min

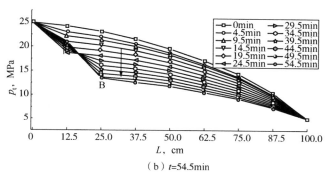

（b）t=54.5min

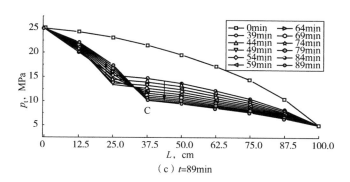

（c）t=89min

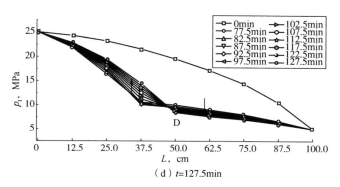

（d）t=127.5min

图 6.3 长岩心水驱压力沿驱替方向分布曲线

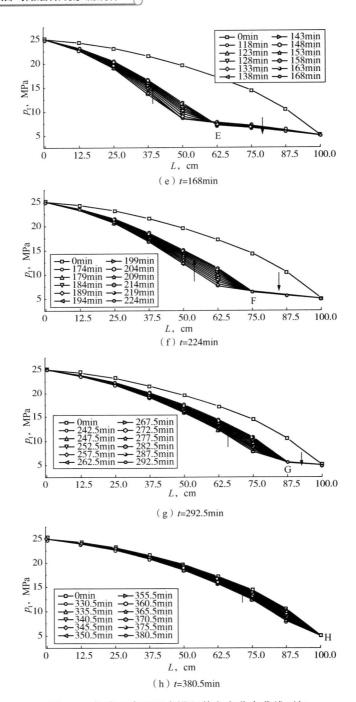

图 6.3　长岩心水驱压力沿驱替方向分布曲线(续)

p_t—沿程测压点的压力；L—距注入端的距离；A 至 H—岩心沿程压力分布的突变点

束缚水条件下油相流动阶段，长岩心沿渗流方向压力稳定且呈指数递减分布，主要是由于致密岩心沿渗流方向的有效应力变化而产生的渗透率敏感。测压点将 1m 长岩心平分为

8 段，每段长度 12.5cm，根据围压和孔隙流体压力分布得到对应的有效应力分别为 7.34MPa、8.24MPa、9.59MPa、11.39MPa、13.59MPa、16.19MPa、19.55MPa 和 24.23MPa。根据测试流速和相邻两测压点间的压差，得到长岩心这 8 段沿渗流方向渗透率依次为 0.83mD、0.5321mD、0.3674mD、0.2939mD、0.2450mD、0.2104mD、0.1505mD 和 0.1079mD。

致密岩心孔隙半径小，该岩心平均孔隙半径为 1.234μm，水驱过程中，油水两相共渗阶段需克服较大的毛细管阻力。图 6.3 中水驱过程中存在明显的油水前缘 A、B、C、D、E、F、G 和 H，是岩心沿程压力分布的突变点。油水前缘波及之处，岩心两相区压力先随之下降，当两相区水相占优势时，两相渗流阻力又随之减小，如图中箭头所示；前缘未波及位置的纯油流动区压力也随之下降。

由于致密油藏注水过程中油水两相区渗流阻力大，大部分能量消耗在注水井周围，导致注水井吸水能力低，注水井附近地层压力损失大，注水压力不能有效地传播到生产井，因此生产井产液指数下降幅度大，产油量加速递减，采油井见注水效果程度差，不易建立有效驱替系统的实际生产特征。

当水驱前缘突破采出端后，水相渗流占主导地位，油水两相渗流阻力减小，油藏的能量又得到保持，此时注水井压力可有效传播到采油井，此种情况对应致密油藏注水开发末期。

6.1.2 水驱油过程中岩心压力保持特征

定义了驱替压力保持程度：以束缚水条件下油相稳定渗流压力沿程分布值为基础参考压力值，水驱不同时刻压力值与该基础压力比值作为压力的保持程度，绘制相应曲线，如图 6.4 所示。

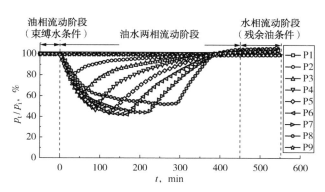

图 6.4 水驱油过程中压力保持程度变化曲线

同样选择水驱前缘到达测压点的时间和与之相邻时间间隔为 5min 的 10 个时刻及 0 时刻进行长岩心压力沿程保持特征曲线绘制，长岩心水驱压力沿驱替方向保持程度曲线如图 6.5所示。

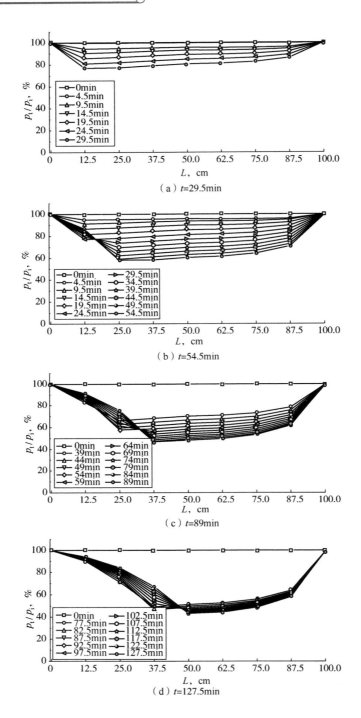

（a）t=29.5min

（b）t=54.5min

（c）t=89min

（d）t=127.5min

图 6.5　长岩心水驱压力沿驱替方向保持程度曲线

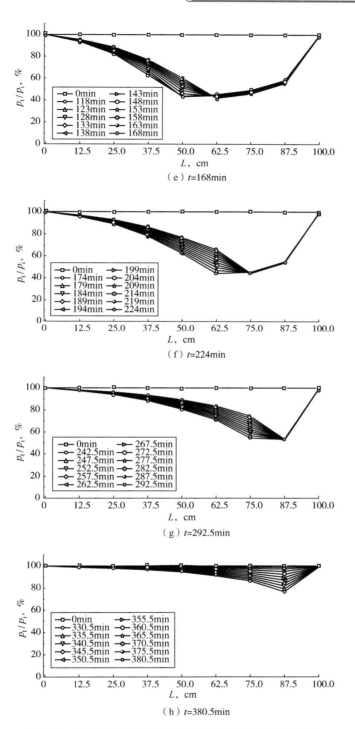

（e）t=168min

（f）t=224min

（g）t=292.5min

（h）t=380.5min

图6.5　长岩心水驱压力沿驱替方向保持程度曲线(续)

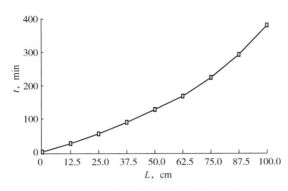

图 6.6　油水前缘到达各测压点时间

水驱过程中，油水两相共渗区需克服较大的毛细管阻力，压力前缘波及之处，压力保持程度均逐渐降低，整个岩心内部的压力保持程度下降且向前推进，当水相占优时，油水两相渗流阻力减小，油藏能量得以恢复[1,2]。

水驱前缘推进特征如图 6.6 所示。

致密长岩心水驱油过程中，压力前缘推进速度逐渐减小，推进时间随推进距离呈指数上升趋势。这主要是由于水驱油过程中，岩心的有效驱替压力系数减小，由于应力敏感性引起孔隙渗透率减小，因而毛细管阻力随之增加，导致前缘推进速度逐渐减小。

（1）应用 1m 长露头岩心渗流模拟装置，研究了水驱油过程中压力动态传播特征，得到了致密岩心水驱油过程中油水前缘推进及压力动态变化特征。

（2）水驱过程中，油水两相共渗区需克服较大的毛细管阻力，油水前缘波及之处，岩心两相区压力先随之下降，当两相区水相占优势时，两相渗流阻力又随之减小，前缘未波及位置的纯油流动区压力也随之下降。

（3）由于致密岩心注水过程中油水两相区渗流阻力大，大部分能量消耗在注入端附近，导致吸水能力低，层压力损失大，注水压力不能有效地传播到生产井，不易建立有效驱替系统。

（4）致密长岩心水驱油过程中，压力前缘推进速度逐渐减小，推进时间随推进距离呈指数上升趋势。

6.2　致密储层 N_2 驱压力分布特征

6.2.1　N_2 非混相驱油过程压力监测

N_2 非混相驱油过程中，岩心不同位置测压点压力动态变化如图 6.7 所示。

测试曲线分为三个阶段：（1）束缚水条件下油相流动阶段；（2）油气两相共渗阶段；（3）残余油状态下水相流动阶段。绘制长岩心 N_2 驱压力沿驱替方向分布曲线，如图 6.8 所示。

N_2 非混相驱油过程中，岩心压力单调增加，最终保持不变。N_2 驱降低了地层油的密度和黏度，驱替阻力减小，增加了地层的弹性能量，降低了驱替相和被驱替相界面张力，提

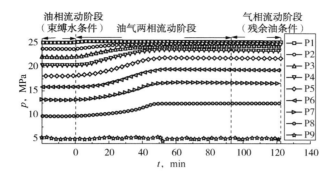

图 6.7　N_2 驱油过程中压力动态变化

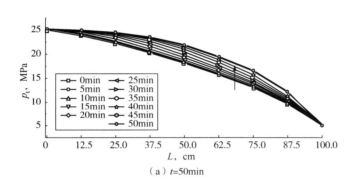

（a）t=50min

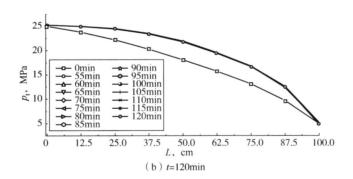

（b）t=120min

图 6.8　长岩心 N_2 驱压力沿驱替方向分布曲线

高了地层油的流动性[3]。

6.2.2　N_2 非混相驱油过程中岩心压力保持特征

以束缚水条件下油相稳定渗流压力沿程分布值为基础参考压力值，N_2 驱不同时刻压力值与该基础压力比值作为压力的保持程度，绘制相应曲线，如图 6.9 所示。

长岩心压力沿驱替方向保持程度曲线如图 6.10 所示。

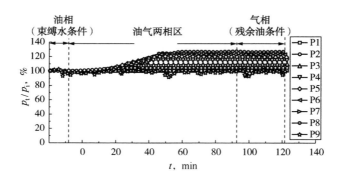

图 6.9　N₂ 驱油过程压力保持程度变化曲线

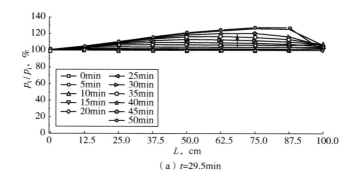

（a）t=29.5min

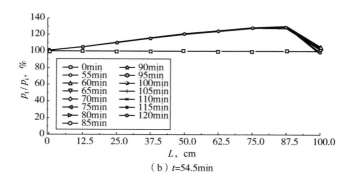

（b）t=54.5min

图 6.10　N₂ 驱油压力沿驱替方向保持程度曲线

　　注入的氮气与致密油相互作用，降低了黏度，进而使得驱替过程中的流动阻力下降。此外，溶解在致密油中的气体在沿程压力下降的过程中逐渐逸出，提高了地层的能量，阻碍了地层压力的持续降低。因此，相比水驱而言，N₂ 非混相驱过程中，岩心压力单调增加，最终基本保持不变。

6.3　致密储层 CO_2 混相驱压力分布特征

6.3.1　CO_2 混相驱油压力监测

CO_2 混相驱过程中，岩心不同位置测压点压力动态变化如图 6.11 所示。

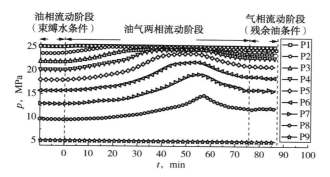

图 6.11　CO_2 混相驱油过程中压力动态变化

测试曲线分为三个阶段：（1）束缚水条件下油相流动区；（2）油气两相共渗区；（3）残余油状态下水相流动区。绘制了长岩心 CO_2 驱压力沿驱替方向分布曲线，如图 6.12 所示。

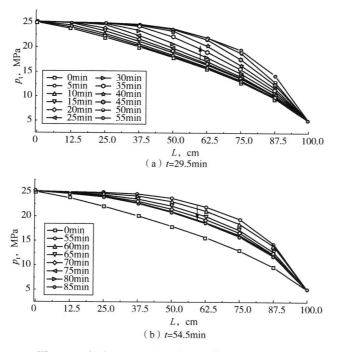

（a）$t=29.5min$

（b）$t=54.5min$

图 6.12　长岩心 CO_2 驱压力沿驱替方向分布曲线

CO_2 混相驱显著降低了原油的黏度和界面张力，渗流阻力减小，油藏能量保持水平高。岩心内部压力先增加后下降，但最终压力保持水平仍大于初始值[4]。

6.3.2　CO_2 驱油过程中岩心压力保持特征

以束缚水条件下油相稳定渗流压力沿程分布值为基础参考压力值，CO_2 驱不同时刻压力值与该基础压力比值作为压力的保持程度，绘制相应曲线，如图 6.13 所示。

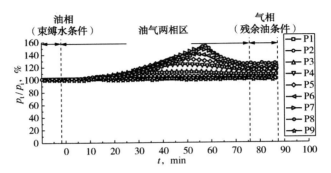

图 6.13　CO_2 驱油过程压力保持程度变化曲线

长岩心 CO_2 驱压力沿驱替方向保持程度曲线如图 6.14 所示。

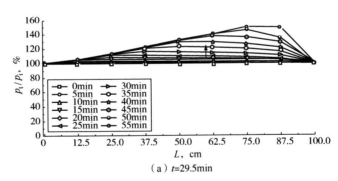

（a）t=29.5min

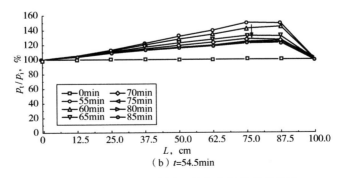

（b）t=54.5min

图 6.14　CO_2 驱油压力沿驱替方向保持程度曲线

6.4 致密储层水/N_2/CO_2驱对比

不同驱替方式下前缘推进位置随时间的变化曲线如图6.15所示。水驱前缘到达终点时间约为400min，而N_2和CO_2的前缘时间约为55min，可见气驱的前缘推进速度大幅度高于水驱。此外，气驱的前缘由于窜流效应会呈现快速增加的趋势。

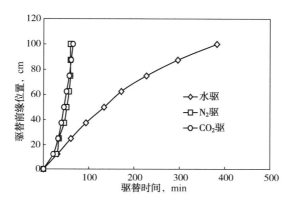

图6.15 不同驱替方式下前缘推进位置随时间的变化曲线

不同驱替方式下能量保持率与无量纲驱替时间的关系如图6.16所示。由图6.17可见，纯油渗流的能量保持率约为100%。水驱的能量保持率随着时间先降低后升高，而气驱的能量保持率先增加后降低，可见气驱在保持地层能量方面具有更好的优势。此外，CO_2驱的地层能量保持率高于N_2驱。

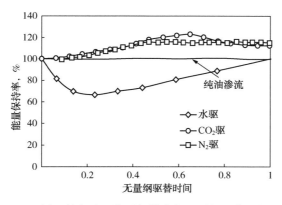

图6.16 不同驱替方式下能量保持率与无量纲驱替时间的关系

不同驱替方式下采收率与注入体积的关系如图6.17所示。尽管驱替方式不同，但是随着注入体积的增加，采收率线性提高。但是气驱的采收率明显高于水驱，而CO_2驱的采收率高于N_2驱。

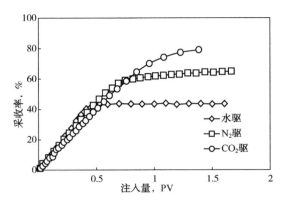

图 6.17 不同驱替方式下采收率与注入量的关系

参 考 文 献

[1] Aïfa T，Zerrouki A A，Baddari K，et al. Magnetic susceptibility and its relation with fracture sand petrophysical parameters in the tight sand oil reservoir of Hamra quartzites，southwest of the Hassi Messaoud oil field，Algeria[J]. J. Pet. Sci. Eng.，2014，123：120-137.

[2] Afonja G，Hughes R G，Rao V G，et al. Simulation study for optimizing injected surfactant volume in a miscible carbon dioxide flood[C]. SPE 158220-MS，2012.

[3] Baihly J D，Altman R M，Avlies I. Has the economic stage count been reached in the Bakken shale? [C]. SPE 159683-MS，2012.

[4] Ezulike O D，Ghanbari E，Siddiqui S，et al. Pseudo-steady state analysis in fractured tight oil reservoirs[J]. Pet. Sci. Eng.，2015，129：40-47.

第7章 基于格子玻尔兹曼方法的孔隙—裂隙渗流模拟技术

7.1 格子玻尔兹曼方法介绍

格子玻尔兹曼方法(LBM)本质上是一种介观方法，它将流体看作无数微观粒子组成的集合，依照分子运动论和热力学统计物理的相关理论，这些微观粒子的大量无规则运动的统计结果会反映出宏观流体运动特征，但其运动细节和相互间的影响则对流体的宏观运动毫无影响，仅仅影响一些流体运动参数，无法改变流体的质量、动量以及能量的守恒[1]。它从全新的角度来看待宏观的流体运动，通过离散模型来描述流体运动的本质规律。LBM 的前身是格子气自动机，而格子气自动机是元胞自动机在流体力学中的应用。元胞自动机曾被广泛应用于求解细胞的生长、城市的交通以及分形结构等问题，它是一种将空间和时间离散的数学模型，依照一些简单的局域规则，通过由计算机进行演化过程的模拟来求得所需解[2]。使用格子气自动机进行数值模拟研究有着明显的优点，这种方法可以使用区域分裂进行并行计算，可以利用并行计算极大地提高计算速度；对固体边界的处理非常简洁，从而使得这种方法可以方便地应用于具有复杂几何边界的区域，而不会因边界的复杂性造成计算上的繁杂，而且格子气自动机可以无条件地稳定。但该方法也拥有明显的缺点：其演化方程推导出来的动量方程并不满足伽利略不变性，流体状态方程与宏观流速有关，而不仅仅只依赖温度和密度，格子气自动机往往在局部量存在数值噪声，为消除数值噪声的影响需要增加计算量，对存储量及计算量都有较大要求。

格子气自动机这一当时的全新模型具有相当大的吸引力，但同时也兼有明显的缺点，于是研究者们开始不断寻找一种继承了该模型优点的全新方法来克服其缺点，最终导致了 LBM 的横空出世。LBM 被称作现代流体力学的一场变革[3]，从问世到现在已经有了极大发展。该方法目前主要用于研究宏观的连续流体流动，但该方法建模基于粒子碰撞，而不是基于 Euler 方程、Navier-Stokes 方程等宏观连续模型，所以并不受连续介质假设的约束，只要选择的模型适当，就可以用来研究微尺度、稀薄流等非连续流问题，并且还提供了一种认识系统非平衡行为的途径，以研究系统的宏观状态与系统非平衡间的关系；LBM 基于离散的物理模型，物理背景图像十分简洁，描述流体内部和外部环境之间以及流体内部与内部之间的相互作用都比较直观方便，因此 LBM 广泛应用于研究描述多相态、多组分系统和界面动力学等学科领域，而且由于其对于复杂固体边界条件处理上的明显优势，非常适用于对多孔介质这类复杂几何空间的研究。从计算效率的角度来看，该方法物理演化过程清晰简洁，容易编程，而且演化计算是局部的，拥有非常好的可拓展性以及并行性，易于使用并行计算提高运算速度，对于计算模拟大规模流体运动有很大优势。

7.2 D2Q9 模型介绍

一般来说，一个完整的 LBM 模型有三个组成部分：

（1）格子，也称为离散速度模型；

（2）平衡态分布函数；

（3）分布函数的演化方程。

一个 LBM 模型的核心在于使用恰当的平衡态分布函数，但格子的构造形态也会对平衡态分布函数造成影响，其对称性将直接影响 LBM 模型可否还原到其研究的宏观方程。构造离散速度模型也非常重要。离散速度的数目过少可能会使得一些应当遵循守恒律的物理量不再守恒，而数目过多则会导致计算资源的浪费。一般 LBM 模型的建立大致遵循这样的过程：首先确定平衡态分布函数一些应当遵循的约束条件使得其能恢复到宏观方程，然后确定适当的离散速度模型，依据在约束条件下该模型所推导出的方程最终获得平衡态分布函数。

单松弛模型（LBGK）迄今为止是使用最为广泛的一类 LBM 模型，该类模型基于 BGK 近似，所基于的观点是粒子碰撞的效应使得密度分布函数 f 不断趋近于 Maxwell 平衡态分布函数 f^{eq}，每次碰撞所引起改变的大小正比与 f 和 f^{eq} 之差，与分子的运动速度没有关系，于是可以引入一个简单的碰撞算子 Ωf 来代替玻尔兹曼方程中的碰撞项，其中 Qian 等在 1992 年提出的 DdQm（d 指空间维数，m 指格子中离散速度个数）系列模型最有代表性，被认为是 LBM 的基本模型[4]。D2Q9 模型的离散速度如图 7.1 所示。

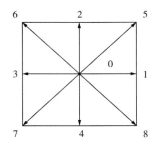

图 7.1 D2Q9 离散速度模型

依照图 7.1 中的离散速度模型，D2Q9 的离散速度配置如下：

$$e_{\alpha} = \begin{cases} (0, \ 0) & \alpha = 0 \\ c(\cos[(\alpha-1)\dfrac{\pi}{2}], \ \sin[(\alpha-1)\dfrac{\pi}{2}]) & \alpha = 1, \ 2, \ 3, \ 4 \\ \sqrt{2}c(\cos[(2\alpha-1)\dfrac{\pi}{4}], \ \sin[(2\alpha-1)\dfrac{\pi}{4}]) & \alpha = 5, \ 6, \ 7, \ 8 \end{cases} \tag{7.1}$$

其中：$c = \delta z / \delta t$。

式中，δx 和 δt 分别为空间步长（或网格步长）和时间步长，一般 x 方向和 y 方向上空间步长相等，即 $\delta x = \delta y$。

f^{eq} 是 Maxwell 平衡态分布函数：

$$f^{eq} = \frac{\rho}{(2\pi\theta)^{\frac{D}{2}}} \exp\left(\frac{C^2}{2\theta}\right) \tag{7.2}$$

其中，D 为空间维数，$\theta = RT$，$C = \varepsilon - u$，将 f^{eq} 对流体宏观速度 u 进行 Taylor 展开并保留二阶，得

$$f^{eq} = \frac{\rho}{(2\pi\theta)^{\frac{D}{2}}} \exp\left(-\frac{\varepsilon^2}{2\theta}\right)\left[1 + \frac{\varepsilon \cdot u}{\theta} + \frac{(\varepsilon \cdot u)^2}{2\theta^2} - \frac{u^2}{2\theta}\right] \tag{7.3}$$

式中，ρ 为流体密度；ε 为应变位移。

Qian 等的 DdQm 系列模型采用的平衡态分布函数形式如下：

$$f_{\alpha}^{eq} = \rho\omega_{\alpha}\left[1 + \frac{e_{\alpha} \cdot u}{c_s^2} + \frac{(e_{\alpha} \cdot u)^2}{2c_s^4} - \frac{u^2}{2c_s^2}\right] \tag{7.4}$$

其中，$c_s = \sqrt{RT}$ 为格子声速；ω_{α} 为权系数。为恢复宏观方程，D2Q9 模型离散的平衡态分布函数需要满足如下关系：

$$\sum_{\alpha} f_{\alpha}^{eq} = \rho \tag{7.5}$$

$$\sum_{\alpha} f_{\alpha}^{eq} e_{\alpha} = \rho u \tag{7.6}$$

$$\sum_{\alpha} f_{\alpha}^{eq} e_{\alpha i} e_{\alpha j} = \rho u_i u_j + p\delta_{ij} \tag{7.7}$$

将式（7.4）代入式（7.5）和式（7.7），整理得：

$$\omega_0 + 4\omega_1 + 4\omega_2 = 1 \tag{7.8}$$

$$\omega_1\left(\frac{c^2}{c_s^4} - \frac{2}{c_s^2}\right) + \omega_2\left(\frac{2c^2}{c_s^4} - \frac{2}{c_s^2}\right) - \omega_0\frac{1}{2c_s^2} \tag{7.9}$$

$$(\omega_1 + 2\omega_2)\frac{2c^2}{c_s^2} = 1 \tag{7.10}$$

$$\omega_2\frac{2c^4}{c_s^4} = 1 \tag{7.11}$$

$$2c^2\omega_1\left(1 - \frac{u^2}{2c_s^2}\right) + 4c^2\omega_2\left(1 - \frac{u^2}{2c_s^2}\right) + \omega_2\frac{2c^4u^2}{c_s^4} = \frac{p}{\rho} \tag{7.12}$$

联立式(7.8)至式(7.12)可得：

$$\omega_0 = \frac{4}{9}, \quad \omega_1 = \frac{1}{9}, \quad \omega_2 = \frac{1}{36}, \quad c_s^2 = \frac{c^2}{3}, \quad p = \rho c_s^2 \tag{7.13}$$

模型的宏观密度、速度如下：

$$\rho = \sum_\alpha f_\alpha \tag{7.14}$$

$$u = \frac{1}{\rho} \sum_\alpha f_\alpha e_\alpha \tag{7.15}$$

7.3　常用边界处理格式

LBM 中的边界处理的具体实施会极大地影响数值模拟的计算精度、计算效率以及计算的稳定性。根据研究问题的不同，LBM 可以采用不同的边界条件，可以从宏观角度控制流动的速度、密度、温度、压力及受力，也可以从微观角度出发直接控制边界节点的分布函数。使用 LBM 进行数值模拟时，无论采用何种模型，每个时步内部节点的分布函数均可以在演化过程中直接获得，而边界处节点的分布函数则需综合内部节点的演化及边界条件来确定。常用的边界处理格式有周期格式、对称格式、充分发展格式、反弹格式和镜面反射格式。

7.3.1　周期格式

该格式假设如果流体粒子在流场中一个边界流出流场，则在下一个时步从另一个边界流进流场。当流场呈现出空间上的周期性变化，或在一个方向上无穷大时，常常在数值模拟时采用这种边界处理格式。假设二维流场被均匀格子覆盖，并且在 x 方向的流动上呈现出周期性（x 方向格子数为 N_x，y 方向格子数为 N_y），采用 D2Q9 模型进行数值模拟，在流场格子外增加两层计算网格后，其周期边界可以表示为：

$$f_{1,5,8}(0, j) = f_{1,5,8}(N_x, j) \tag{7.16}$$

$$f_{3,6,7}(N_x+1, j) = f_{3,6,7}(1, j) \tag{7.17}$$

图 7.2 为两无穷大平板间流场采用 D2Q9 模型周期边界处理的示意图。

7.3.2　对称格式

该格式应用于模拟具有对称性的流场，常见做法是对具有对称轴的物理流场的一半区域进行模拟，对对称轴使用对称边界进行处理，采用 D2Q9 模型时该边界处理如图 7.3 所示。

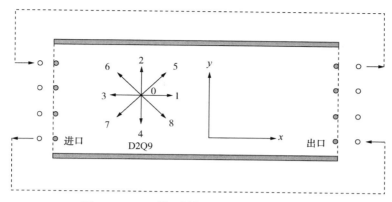

图 7.2 D2Q9 模型周期性边界处理示意图[2]

○代表计算网格；●代表流场网格

图 7.3 中的边界节点分布函数可以表示为：

$$f_{2,5,6}(i, 0) = f_{7,4,8}(i, 2) \tag{7.18}$$

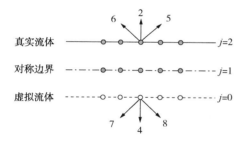

图 7.3 对称边界示意图

●代表流场节点；

○代表增加的虚拟计算区节点

7.3.4 反弹格式

7.3.3 充分发展格式

当流体的流动在流场中达到充分发展时，其宏观物理量，如速度、密度等不再在流动方向上变化。这种情况下可以采用充分发展格式来处理其边界。例如，在两个平行板间的泊肃叶流。该流动若达到了充分发展，那么其边界节点上的未知分布函数可以表示为：

$$f_{3,6,7}(N_x, j) = f_{3,6,7}(N_x-1, j) \tag{7.19}$$

反弹格式一般用来处理固体边界问题，其中包括标准反弹、半步长反弹等边界反弹格式。其中，最常用的边界处理格式是标准反弹，常用于模拟无滑移的壁面。

这种边界处理格式将边界节点上的迁移过来的微粒做反弹处理，如图 7.4 所示，当流场中节点 $(i-1, j+1)$ 上的微粒迁移到边界节点 (i, j) 上后，不与其他方向上迁移到该节点的微粒发生碰撞，而是立即反弹沿原路返回。于是，D2Q9 模型处理的流场模拟中，图 7.4 所示的这种边界处理格式边界节点的分布函数可以表示为：

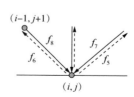

图 7.4 反弹格式边界示意图

$$f_2(i, j) = f_4(i, j+1) \tag{7.20}$$

$$f_5(i, j) = f_7(i+1, j+1) \tag{7.21}$$

$$f_6(i, j) = f_8(i-1, j+1) \qquad (7.22)$$

7.3.5　镜面反射格式

该格式主要用于模拟光滑的与流体间不存在相互摩擦的壁面，该格式认为流体微粒在与光滑壁面碰撞后沿壁面的切向速度不变，而法向速度大小不变，方向相反。在 D2Q9 模型中，光滑壁面边界节点上的分布函数可以表示为：

$$f_2(i, j) = f_4(i, j+1) \qquad (7.23)$$
$$f_5(i, j) = f_8(i+1, j+1) \qquad (7.24)$$
$$f_6(i, j) = f_7(i-1, j+1) \qquad (7.25)$$

7.4　多重网格

7.4.1　多重网格简介

LBM 是一种基于介观角度的流体描述方法，用于求解实际问题时，有时会遇到计算量过大、对硬件资源需求过高、所需计算时间较大的问题。此外，在针对实际孔隙介质的渗流问题研究中，也会遇到孔隙几何构型复杂孔径变化大的情况，某些微孔隙下的流体流动需要更高的模拟精度以分辨其流动行为，这就需要在流场中某些特定区域提供更多的模拟计算分辨率，为解决上述问题，可以采用多重网格技术。多重网格是 LBM 网格技术的一种，该方法将流场中的区域分为若干块，不同区块的网格分开划分。对宏观物理量变化梯度大的区域采用密实的小网格提升描述精度，而在物理量变化偏缓的区域则使用稀疏一些的大网格以节省计算资源。

多重网格中粗细网格相交区域如图 7.5 所示，图中上半部分为粗网格，下半部分为细网格，中间的 ABCD 区域为粗细网格相交区域，粗网格和细网格在该区域交换信息，完成流动信息在不同块网格间的传递。采用多重网格时必须要解决的基本问题是，如何保证不同块网格间物理量的连续性以及不同区块间模拟时间的一致性。为解决这一问题，多重网格中节点上的分布函数在不同块网格间并非直接进行迁移传递，而是必须依照一定的物理量关系在迁移传递前进行转换，将一块网格上的分布函数转换成另一块网格上相对应的分布函数。图 7.6 中细网格边界上空心圆节点处分布函数由粗网格上分布函数转化而来，实心圆节点处分布函数则由空心圆上分布函数插值得到；粗网格上三角节点的分布函数均由细网格上对应节点分布函数转化而来，而后通过迁移传递给粗网格内部节点。

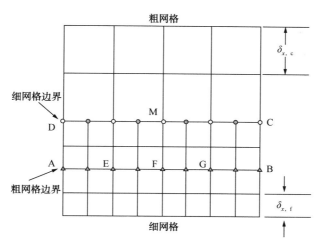

图 7.5　粗细网格交界区域示意图[3]

E、F、G 三点即图 7.6 中粗网格边界上三个点，先由细网格上 E、F、G 三个节点的分布函数转换为粗网格上同位置节点的分布函数，而后通过迁移获得 M 节点上相应的分布函数。

7.4.2　多重网格的数值模拟实现

本节介绍的均匀分布的多重网格，格子为正方形，即满足 $\delta_x = \delta_y$。LBM 将流体流动的物理演化过程抽象为由"迁移"和"碰撞"两步组成，其中碰撞过程的数学描述为：

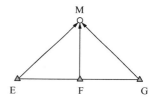

图 7.6　粗细网格交接区信息传递局部图

$$f_\alpha^+(r,\ t) = f_\alpha(r,\ t) - \frac{1}{\tau}[f_\alpha(r,\ t) - f_\alpha^{eq}(r,\ t)] \qquad (7.26)$$

迁移过程的数学描述为：

$$f_\alpha(r + e_\alpha \delta_t,\ t + \delta_t) = f_\alpha^+(r,\ t) \qquad (7.27)$$

设相邻两块粗细网格空间步长比为 m，即

$$m = \frac{\delta_{x,c}}{\delta_{x,f}} \qquad (7.28)$$

式中，下标 c 表示相邻网格中较粗的网格；下标 f 表示相邻网格中较细的网格。

相邻不同块网格间流体的黏度系数需要保持一致，即

$$v_c = v_f \qquad (7.29)$$

给定空间步长的格子中流体黏度系数可以表示为：

$$v = (2\tau - 1)\frac{\delta_x c}{6} \qquad (7.30)$$

联立式（7.29）和式（7.30），可以推导出相邻不同块网格松弛时间需要满足如下关系，以保证其流体黏性系数的一致性：

$$\tau_f = \frac{1}{2} + m\left(\tau_c - \frac{1}{2}\right) \tag{7.31}$$

为了确保不同块相邻网格间宏观物理量在两块网格的相交界面处具有一致性，需要对网格节点上的分布函数进行特殊处理。节点上的分布函数可以视为平衡态分布函数与非平衡态分布函数叠加后的结果：

$$f_\alpha(r, t) = f_\alpha^{eq}(r, t) + f_\alpha^{neq}(r, t) \tag{7.32}$$

将式(7.32)代入式(7.31)中可以得到：

$$f_\alpha^+(r, t) = f_\alpha^{eq}(r, t) + \frac{\tau - 1}{\tau} f_\alpha^{neq}(r, t) \tag{7.33}$$

于是在相邻粗网格与细网格节点上有如下关系：

$$f_{\alpha,c}^+(r, t) = f_{\alpha,c}^{eq}(r, t) + \frac{\tau_c - 1}{\tau_c} f_{\alpha,c}^{neq}(r, t) \tag{7.34}$$

$$f_{\alpha,f}^+(r, t) = f_{\alpha,f}^{eq}(r, t) + \frac{\tau_f - 1}{\tau_f} f_{\alpha,f}^{neq}(r, t) \tag{7.35}$$

由于相邻网格交界面处速度和密度连续，故有

$$f_{\alpha,c}^{eq}(r, t) = f_{\alpha,f}^{eq}(r, t) \tag{7.36}$$

二维平面的流体流动，流体切应力可以为：

$$\tau_{ij}\left(1 - \frac{1}{2\tau}\right) \sum_{\alpha=1}^{8} f_\alpha^{neq}\left(e_{\alpha i}e_{\alpha j} - \frac{1}{2}e_\alpha \cdot e_\alpha \delta_{ij}\right) \tag{7.37}$$

因此，为了保证切应力的一致性，有

$$\left(1 - \frac{1}{2\tau_c}\right)f_{\alpha,c}^{neq} = \left(1 - \frac{1}{2\tau_f}\right)f_{\alpha,f}^{neq} \tag{7.38}$$

可得

$$f_{\alpha,c}^{neq} = m\frac{\tau_c}{\tau_f}f_{\alpha,f}^{neq} \tag{7.39}$$

联立式(7.37)至式(7.39)，可得

$$f_{\alpha,c}^+ = f_{\alpha,f}^{eq} + m\frac{\tau_c - 1}{\tau_f - 1}(f_{\alpha,f} - f_{\alpha,f}^{eq}) \tag{7.40}$$

$$f_{\alpha,f}^+ = f_{\alpha,c}^{eq} + \frac{\tau_f - 1}{m(\tau_c - 1)}(f_{\alpha,c} - f_{\alpha,c}^{eq}) \tag{7.41}$$

式(7.40)和式(7.41)给出了相邻粗细网格节点上分布函数的相互转化，粗细网格节点上的分布函数首先依照上述两式转化为相邻网格上对应的分布函数，再在相邻网格上进行流动信息的传递，从而保证相邻网格间宏观物理量的一致性和连续性。

由于自然孔隙介质巨量的复杂孔道结构，如果靠机械输入多重网格位置，工作量必然会非常巨大，可以在研究中采用自适应多重网格技术以解决这一问题。基本思路根据边界

层理论，黏性流体在流动时，固壁和其紧邻的流体微粒由于黏性作用，其相对速度为 0，于是在靠近固体边界位置会产生一个边界层，边界层区域内固体边界法线方向上速度梯度极大，而对于边界层以外流场，该方向上的速度梯度较小，因此在远离固体边界的位置，可以采用较粗的网格节省计算资源，提升计算效率，在靠近固体边界的位置，需要采用较细的网格以增加模拟精度，提高数值模拟的准确性。与固体边界的情形类似，对孔隙渗流进行数值模拟时，网格数是巨大的，同时由于固体边界具有非常复杂的几何构型，很难通过人工的办法对整个流场进行网格的分块及划分，可以通过设计自动化的自适应网格划分模块来解决。本章所使用的多重网格方案为了进一步增加靠近边界处的网格精度，提升计算效率，编写的自适应划分模块采用了包含粗、中、细三种大小的网格，其中粗网格为第三级网格，细网格为第一级网格。自适应多重网格划分流程如图 7.7 所示。

与自适应边界处理模块类似，该模块对于复杂固体边界条件下不同块网格的划分是完全自动进行的，并且在划分过程中对相邻的粗细网格的边界及相对位置进行了标记，对边界节点上的数据传递关系进行了预先判定，为后续模拟计算做预先准备。

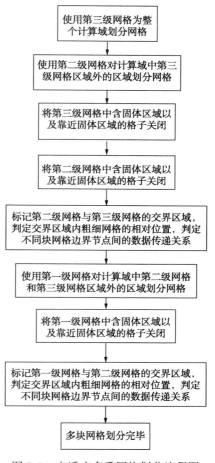

图 7.7　自适应多重网格划分流程图

7.5　边界自适应处理模块

自然状态下孔隙介质内部通道的几何构型大多是不规则的，如果要通过数值模拟来对孔隙介质中的流体进行研究，复杂的固体边界的处理是必须要解决的问题。通常在用数值模拟方法研究流体流动时，对于流场外部以及内部的固体边界需要通过人工输入将边界的位置方向等信息写入程序当中，对于孔隙介质中巨量的复杂边界，通过人工编程输入难以实现，于是通过设计并编写自动化的自适应边界处理模块来解决，其流程如图 7.8 所示。

如图 7.8 所示，自适应边界处理模块将整个模拟计算域分为流场区域与固体区域，流体在流场区域内运动，流场区域与固体区域相接的位置即为固体边界。该模块的运行首先需要获取整个模拟计算域中固体所在位置，对于少量固体，可以采用人工输入的方法，对于复杂孔隙介质的模拟，由于模块中对于固体与流场的定义仅通过一个参数来判定，因此计算域中固体位置可以非常方便地通过额外的程序自动读取。获得了固体在计算域中的绝对位置之后，模块会自动识别其相邻位置的所有流场区域，并且判别其相对位置，通过该相对位置，模块会判别出固体与流体间固体边界的位置及方向。于是，模块在自动识别出固体边界的位置及方向之后，就能根据预先设定的边界处理格式为计算域中的所有固体边界赋予边界条件，整个边界处理过程只需要在初始阶段通过人工或程序给出固体在计算域中的绝对位置信息，剩下来的所有边界处理过程都会根据固体所处流场位置自动给出。

依照前述所选择的数值模型、边界条件和网格技术，本章在 Microsoft Visual Studio 编译环境下使用 Fortran 语言实现对单裂隙内流体流动的数值模拟，模拟划分网格采用了三种格子大小，现定义最小的网格为一级网格，最大的网格为三级网格，格子大小介于两者之间的网格为二级网格，相邻网格间时间步长比 $m=2$，数值模拟的流程图如图 7.9 所示。

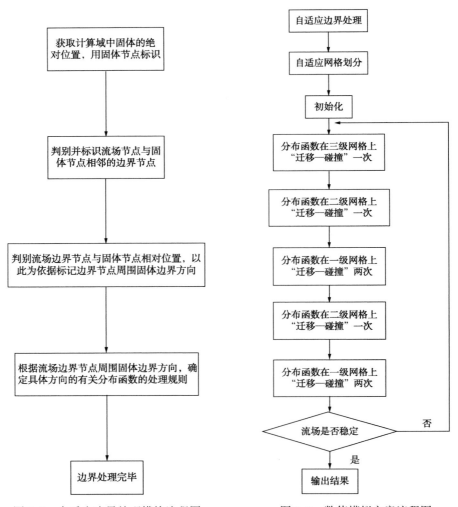

图 7.8　自适应边界处理模块流程图　　　图 7.9　数值模拟方案流程图

由图 7.9 可见，当流体的流动在不同块网格上演化时，不同块网格迭代的次数并不相同，这是由于不同粗细网格空间步长不同，因此流体微粒在粗网格上运动一个时步所运动的距离与在细网格上一个时步所运动的距离不同，粗细网格边界处两块网格交界区域流体速度应该具有一致性与连续性，故粗网格上一个时步所对应的实际物理时间与细网格上一个时步所对应时间并不相同，其比值即为相邻网格空间步长之比。本章所使用的多块网格，相邻网格空间步长之比 $m = 2$，所以为了保证流场在不同块网格中的数值模拟物理时间的一致性，每当三级网格节点上的分布函数"迁移—碰撞"一次，二级网格节点上的分布函数应当"迁移—碰撞"两次，一级网格节点上的分布函数应当"迁移—碰撞"四次。

7.6 数值模拟结果

7.6.1 验证对比

为验证本研究所使用的数值模拟程序及技术，本章选择对流体力学中经典算例泊肃叶流进行数值模拟，并与其解析解结果进行对比验证。

泊肃叶流指无限长直圆管中的流体流动。本章选择二维泊肃叶流作为模拟验证对象。二维泊肃叶流如图 7.10 所示。

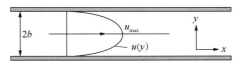

图 7.10 二维泊肃叶流示意图

二维泊肃叶流只有沿 x 方向的流动速度 $u = u(y)$，没有沿 y 方向的速度。

体积力仅考虑重力的不可压缩流体的 Navior-Stokes 方程为：

$$\frac{\partial v_i}{t} + v_j \frac{\partial v_i}{\partial x_j} = g - \frac{1}{\rho} \frac{\partial p}{\partial x_i} + \frac{\mu}{\rho} \frac{\partial^2 v_i}{\partial x_j^2} \tag{7.42}$$

平板间流动充分发展后流动定常，忽略体积力后，可得 x 方向的动量方程：

$$\frac{\mathrm{d}p}{\mathrm{d}x} = \mu \frac{\mathrm{d}^2 u}{\mathrm{d}y^2} \tag{7.43}$$

当上下两平板不发生运动时，边界条件则为无滑移条件，即

$$y = \pm b, \ u = 0 \tag{7.44}$$

对式(7.43)积分两次后与式(7.44)联立，可以得到：

$$u = -\frac{1}{4\mu} \cdot \frac{\mathrm{d}p}{\mathrm{d}x}(b^2 - r^2) \tag{7.45}$$

式(7.45)即为二维泊肃叶流无滑移条件下流速的解析解，其中 r 为与轴线距离。

现使用本研究所采用的 LBM 模型及数值模拟技术对该算例进行数值模拟，模拟程序使

用 Fortran 语言在 Microsoft Visual Studio 编译环境下编译。计算域为两平行板及中间流场，两平板均保持不动，流体流动方向为从左至右，整个计算域由固体区域和三级流场网格组成，固体区域不参与流场的演化计算。流场中间区域网格是第三级网格，该网格空间步长最大，模拟相同面积的流场，该网格所耗计算资源最少，所需计算时间最短；紧挨边界的网格是第一级网格，该网格空间步长最小，模拟相同面积的流场，该网格计算精度最高，对流体运动的"分辨率"最好；在这两块网格中间，是第二级网格，该网格各项模拟运算性能均为中庸，与第一级网格和第三级网格均直接相连，保证流体运动信息在整个流场中正确传递。本章使用的多块网格覆盖大小相当于 1503×183（长×宽）的第一级网格所覆盖网格大小，格子黏度为 2.833mPa·s，格子压差为 0.001MPa，入口左边界为标准压力边界，右边界采用宏观量插值边界，为了符合无滑移的固体边界条件，流场的上下固体边界均采用了标准反弹格式，该边界格式实现方便，且能够轻易满足动量守恒条件，其精度也能基本满足要求。

多块网格下的模拟计算结果 x 方向速度云图如图 7.11 所示。

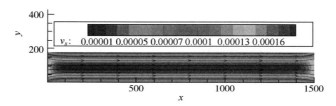

图 7.11　无粗糙元单通道计算结果示意图

由图 7.11 可以看出，除去流场入口和出口区域，流场中流线均和流场轴线相互平行，x 轴法向截面上速度在轴线处最大，并随着距轴线距离增大逐渐减小，直至固体边界上降低为零。水平方向各截面速度分布基本均匀，说明全流场已经稳定并达到充分发展，只存在沿 x 方向的速度，不存在沿 y 方向的速度；靠近固体边界的流体流速很低，在紧挨边界位置流速趋近于 0，这验证了二维泊肃叶流中边界层的存在；远离固体边界区域流体流速十分接近，表明在远离边界层位置，沿平行板法线方向的速度梯度极小，使得流场轴线周围区域流速趋近一致。

在流场中间位置 $x=750$ 做一切面，将切面上点由数值模拟所得流速与二维泊肃叶流的解析解做比较，结果如图 7.12 所示。

图 7.12 为流场中心位置与 x 轴垂直截面上的无量纲速度解析解与数值解的对比分布图，图中数值解为在截面上等距离选取

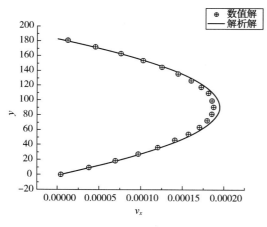

图 7.12　二维泊肃叶流解析解与数值解对比图

20 个点的数值解，从图中可以看出，泊肃叶流动解析解为二次抛物曲线，数值解与解析解符合较好，相对误差较小，体现了程序的可靠性。但值得注意的是，相比起更加靠近上下边界位置的点，演化过程及最后获得最终结果的过程中，多块网格的不同块网格的数据传递过程需要使用大量的插值计算，而本研究所使用的插值格式均为一维或二维的线性插值格式，这无疑会增加模拟计算的误差，在后续的研究中将使用更高精度的插值格式来改善该问题。

7.6.2　自适应模块对于计算效率提升的有效性分析

本研究编写了两个自动化模块，其中自适应边界处理模块对于复杂边界能够自动处理流场内出现的固体边界，在面对真实孔隙介质的建模时能够对边界位置及方向自动标记，并且以此为依据对流体边界节点上的相关密度分布函数进行处理，避免了大量的人工输入工作，可以大大提升建模效率。

而自适应多块网格划分模块在模拟计算的演化过程中能提供许多计算效率的提升。

从模拟程序的计算效率方面考虑，依照程序中的计算流程，为了保证不同网格间各个物理量在时间上的一致性和连续性，模拟相同的时间，第三级网格上"迁移—碰撞"一次，第二级网格上需"迁移—碰撞"两次，第一级网格上需"迁移—碰撞"四次。也就是说，如图 7.13 所示，模拟相同的物理时间，第一级网格格子需要运算四次。第二级网格格子需要运算两次，而第三级网格格子只需运算一次，这也就意味着一个第三级网格格子的计算量为一个第二级网格格子的 1/2，为一个第一级网格格子的 1/4。

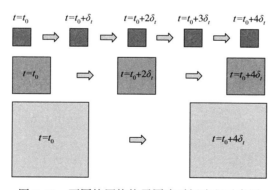

图 7.13　不同块网格格子同步时间流程示意图

另外，考虑格子的空间步长，如图 7.14 所示，一个第三级网格格子所覆盖的面积与 4 个第二级网格格子或 16 个第一级网格格子覆盖面积相等，这也就意味着要模拟计算同样面积的流场，所需第三级网格格子数仅为第二级网格格子数的 1/4，为第一级网格格子数的 1/16。

因此，单纯从计算效率上来讲，对于同一流场的模拟，综合考虑时间步长与空间步长的影响，单纯使用第三级网格模拟所需的计算量仅为单纯使用第一级网格模拟计算量的 1/64。

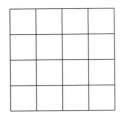

图 7.14　不同块网格格子覆盖面积示意图

但是，如前所述，仅仅只使用第三级网格进行模拟计算可能会造成某些细观结构处局域网格分辨率不够，所以设计了自适应多块网格模块，使用三重网格一方面保证了模拟计算时网格拥有足够的分辨率，另一方面也兼顾了计算量，提高了计算效率，减少了计算时间。为直观展示自适应技术所带来的计算效率的提升，在编写程序中加入了计算量分析模块。该模块会在每一个算例建模完成之后自动统计模型中使用的第一级网格格子数、第二级网格格子数、第三级网格格子数以及覆盖整个流场区域所需要的第一级网格格子数，以这些数据为基础，再依据程序中的计算流程，模块会计算出使用自适应多块网格技术时的计算量与不采用自适应多块网格技术时的计算量之比，并把比较结果显示在运行窗口。

图 7.15 为三个算例的计算量分析，每一行左侧黑色窗口为程序运行时显示的网格信息，以第一行算例为例，该算例在模拟计算时参与计算的第一级网格有 347208 个格子，第二级网格有 83200 个格子，第三级网格有 105000 个格子，参与计算的三级网格共计 535408 个，而如果采用最小分辨率的第一级网格来覆盖全部流场，则共需 2352315 个。该算例采

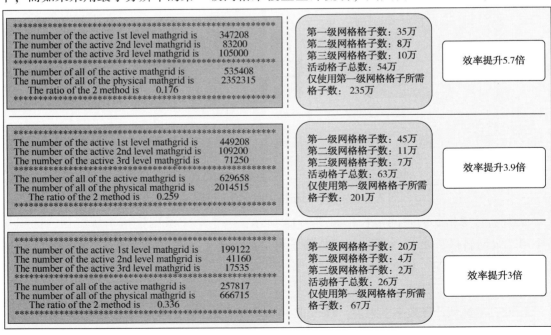

图 7.15　数值模拟程序运行窗口局部示意图

用自适应多块网格技术的模拟程序与不使用多块网格的模拟程序计算量之比为0.176，意味着为了在靠近固体边界区域的流场获得同样的分辨率，本研究中所使用的带自适应多块网格技术的模拟程序所需的计算时间仅为使用单一网格模拟程序的17.6%，不到1/5，相当于将计算效率提高了5.7倍。

以上分析及算例表明，多块网格可以在保证靠近边界区域模拟精度不降低的情况下，减少远离边界区域的流场中的格子数量以及迭代运算次数，故而可以有效增加程序的整体运算效率。

参 考 文 献

[1] He X，Luo L. A priori derivation of the lattice Boltzmann equation[J]. Physical Review E Statistical Physics Plasmas Fluids & Related Interdisciplinary Topics，1997，55(6)：R6333-R6336.

[2] 李元香. 格子气自动机[M]. 北京：清华大学出版社，1994.

[3] 何雅玲，王勇，李庆. 格子 Boltzmann 方法的理论及应用[M]. 北京：科学出版社，2009.

[4] Qian Y，D'Humières D，Lallemand P. Lattice BGK models for the Navier-Stokes equations[J]. Europhysics Letters，1992，17(6BIS)：479.

第8章 基于孔隙—裂缝双重网络
模型的渗流模拟技术

本章将详细阐述孔隙—裂隙双重网络模型(Pore-Fracture Network Modeling,PFNM)的建立过程。这一模型的建立是为了对裂隙性多孔介质中的微观渗流进行模拟。该模型基于真实岩心的核磁共振扫描所得的孔径分布数据所建立,包含孔穴、喉道和裂隙三种结构单元,孔穴作为岩石颗粒中的储油单元,喉道和裂隙提供流动通道。对喉道和裂隙赋予合适的流动机制模拟油气生成和开采过程,并进行宏观参数的计算,从而获得各控制参数对油气开采的影响规律。本章使用的网络模型为二维准静态模型。该模型假定孔隙结构、裂隙结构和压力分布等在岩石内部某一方向上是等同的,从而忽略了这个方向的流体流动。准静态模型介于静态模型和动态模型之间,即针对基质中的孔—喉单元结合入侵逾渗理论,考虑单相和两相流动规律以及毛细管压力作用,由喉道两端的压差与毛细管压力的差值大小决定驱替顺序;针对裂隙单元赋以优先侵入的流动规律,这样来模拟孔隙—裂隙双重介质中的微观渗流过程。

8.1 PFNM 模型简介

孔隙—裂隙双重网络模型是将多孔介质中的孔隙和裂隙理想化为规则形状的孔穴、喉道和裂隙单元,并赋予其一定的连接方式形成网络模型,基于统计物理中的入侵逾渗理论和圆管中流动规律,考虑毛细管压力、黏性、重力等,用以模拟多孔介质中的渗流规律,从而可以通过岩心和流体介质数据(例如孔隙结构、流体参数)预测实验条件和现场条件下难以测量的宏观性质,例如相对渗透率、毛细管压力曲线、压力分布、油气水分布、毛细管数等。同时,也可以很容易地用来分析随着孔结构或流体性质的变化引起的流动特性的变化。该模型在水驱油的两相渗流、油气水三相渗流、细颗粒在多孔介质中的流动研究中都得到了很好的运用。因此,本章以孔隙—裂隙双重网络模型模拟为主,结合实验手段进行有关多孔介质渗流的研究。

PFNM 模型中主要包含三种结构,分别为组成基质孔隙的孔穴单元和喉道单元,以及组成裂隙网络的微裂隙单元。在图8.1(a)中，每个孔穴与4个相邻的圆柱形喉道相连通，每一个喉道连接相邻的两个孔穴，每一个裂隙的首尾连接在不相邻的孔穴上。孔穴提供油气的储存空间，喉道和裂隙提供油气的运移通道。但是由于喉道和裂隙的结构差异，喉道所提供的通道相对来说比较细长，而裂隙所提供的通道相在尺度上更长，也更宽一些，因而裂隙网络的渗透性更大。

在PFNM模型中，喉道中流体的流动服从泊肃叶流。在单相流模拟情况下，喉道中的压差由与之相连的两个孔隙中的流体压力决定，流体首先流经压差最大的喉道。在PFNM模型两相流模拟中，除了压差还要考虑毛细管压力的影响，每个喉道相连的两个孔隙间的压差和毛细管压力之间差值的大小，决定了两相流水驱模拟中优先选择的驱替喉道。

在实际储层或岩石中的裂隙多为宽度方向远小于延伸和走向方向，因此，裂隙中的流动更符合平板流。但是建立的模型为二维模型，裂隙宽度远小于长度方向，不涉及裂隙的延伸方向，故同样将裂隙看成圆管，当中的液体流动也看成泊肃叶流动。多孔介质中的流体假设为不可压缩流体，因此孔穴中的压力矩阵根据每个孔穴中流入和流出的总流量之和为零建立。每个孔穴节点处的孔压都根据压力矩阵进行求解。在两相驱替过程中，压差与毛细管压力之差最大的喉道中的流体首先被驱替，当与裂隙相连的孔穴中的流体被驱替时，裂隙中的流体也会在下一步中被驱替，原因是裂隙中毛细管压力可忽略，且裂隙首尾连接的两个孔隙流体之间的压差远大于喉道中流体的压差值。每一步驱替结束后，重新分配压差。孔穴之间的压差值决定了裂隙和喉道在驱替过程中两相流的流动方向，如图8.1(a)所示。

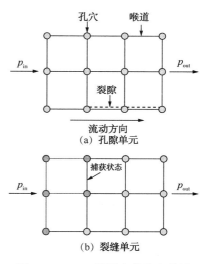

图8.1 PFNM模型中的基本单元

如图8.1(b)所示，为了简化起见，每个单元只允许被一种流体充填，在这种假设下，当喉道与它所相连的两个孔穴充填了不同种液体时，即将此喉道设为捕获状态(Trapping)，喉道不再参与两相流驱替流动[1]。

8.2 基于真实岩心核磁共振数据建模

本节运用核磁共振设备得到真实岩心的孔径分布范围和频率数据。对其进行拟合，并将拟合所得数据作为统计数据赋值给模型中的喉道半径。基于真实岩心的核磁共振数据建模过程，以长庆典型砂岩为例进行介绍。

8.2.1 核磁共振原理

核磁共振(NMR)技术是利用外加恒定磁场对某些具有自旋磁矩的原子核作用，原子核吸收特定频率的电磁波，从而改变其能量状态，使其在磁场作用下发生定向偏转的实验技术。在石油、天然气和水合物等天然储层中富含丰富的氢原子，氢原子核在恒定磁场下的核磁共振现象是核磁共振测量中的主要研究对象。孔隙中包含多种流体，不同流体产生的核磁共振现象均有所差异，通过对总的核磁共振信号测量和不同流体中核磁共振信号差异区分获得储层中流体的基本信息。通过核磁共振测量可以获得岩石渗透率、孔隙度、孔隙中总流体含量、束缚水饱和度、残余油饱和度和可动油饱和度等数据。核磁共振设备如图8.2所示。

图8.2　核磁共振设备

岩石中的流体存在横向弛豫和纵向弛豫现象。纵向弛豫是指在外加恒定磁场 B_0 的作用下，自旋系统被极化，达到平衡状态。横向弛豫是自旋与自旋之间交换能量的过程，表征宏观磁化矢量 M 在 x–y 平面分量 M_{xy} 的变化规律[2]（图8.3）。

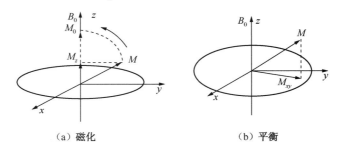

（a）磁化　　　　　　　　　　（b）平衡

图8.3　弛豫过程[3]

岩石中流体的纵向弛豫时间和横向弛豫时间分别为 T_1 和 T_2，表示为：

$$\frac{1}{T_1} = \frac{1}{T_{1S}} + \frac{1}{T_{1D}} + \frac{1}{T_{1B}}$$

（8.1）

$$\frac{1}{T_2} = \frac{1}{T_{2S}} + \frac{1}{T_{2D}} + \frac{1}{T_{2B}} \tag{8.2}$$

式中，T_{1S}和T_{2S}为表面弛豫；T_{1D}和T_{2D}为扩散弛豫；T_{1B}和T_{2B}为体弛豫。

表面弛豫是指岩石颗粒表面对流体的弛豫作用。扩散弛豫是流体分子的自扩散运动引起的弛豫现象。体弛豫是流体固有的弛豫特性，它由流体的物理特性（如黏度和化学成分）决定。纵向弛豫时间T_1和横向弛豫时间T_2所包含的信息相同，但由于纵向弛豫时间T_1的测量时间较长，因此在核磁共振测量过程中广泛采用横向弛豫时间T_2。在均匀磁场作用下，岩石孔隙中流体的扩散弛豫时间可以忽略，主要表现为体弛豫和表面弛豫。孔隙流体的体弛豫时间较长，而多孔介质一般具有很大的比表面积特征，岩石孔隙表面与孔隙流体之间具有较强的相互作用，含氢流体（如水、煤油、水合物和页岩气等）的表面弛豫时间T_{2S}远小于其自由状态的体弛豫时间T_{2B}，同时T_{2S}中携带了岩石中的孔隙信息，因此，实验中测得的T_2实际为表征岩石孔隙特征的T_{2S}：

$$\frac{1}{T_{2S}} = \rho_2 \left(\frac{S}{V}\right)_{pore} \tag{8.3}$$

式中，ρ_2为岩石横向表面弛豫强度系数，值由胶结物以及岩石孔隙表面性质决定，$\mu m/ms$；S为岩石孔隙总表面积，μm^2；V为孔隙体积，μm^3。

由式（8.3）可知，岩石孔喉的比表面积越大，T_2弛豫时间越长；比表面积越小，T_2弛豫时间越短。核磁共振仪器得到的T_2谱实质上反映了岩石孔喉比表面积的大小。

8.2.2 利用核磁共振获得真实岩心的孔径分布数据

核磁共振测量设备的测量原理，即利用恒定磁场对物体中的某些原子核（岩石孔隙流体中的氢原子）施加一定的磁场作用，使其在磁场作用下发生定向偏转的实验技术。因此，在测量之前，首先对岩石抽真空，岩心孔隙饱和水处理。

孔隙比表面积越大，其表面弛豫越强。岩石单个孔隙中流体弛豫为单指数弛豫，岩石中包含很多不同比表面积的孔隙，它们各自具有不同的弛豫时间T_{2j}，测量所得总信号为孔隙中流体核磁共振原始回波串信号的叠加：

$$A(t)/A_0 = \sum f_j \exp(-t/T_{2j}) \tag{8.4}$$

式中，f_j为第j组分所占比例；T_{2j}为第j组分弛豫时间。

由核磁共振测量获得的岩石原始回波串衰减图谱如图8.4所示。

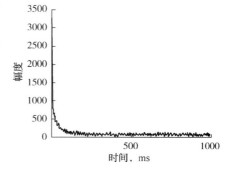

图8.4 岩石原始回波串衰减图谱

在保证流体被完全极化和扩散项可忽略的前提下，将得到的岩石原始回波串衰减图谱进行反演，即自旋回波幅度A_i与横向弛豫时间T_2之间关系为：

$$A_i = \sum_{j=1}^{m} f_i \exp(-t_i/T_{2j}) + \varepsilon_i, \quad i = 1, 2, \cdots, n \tag{8.5}$$

式中，A_i 为第 i 个回波的信号幅度；ε_i 为噪声；$t_i = iT_E (i = 1, 2, \cdots, m)$ 为第 i 个回波时间；T_E 为两个相邻的回波间的时间间隔；n 为回波个数；m 为弛豫时间横向坐标轴上布置的数据点个数；f_j 为弛豫时间 T_{2j} 相对应的幅度值。

式（8.5）的矩阵形式为：

$$\begin{bmatrix} A_1 \\ A_2 \\ \vdots \\ A_n \end{bmatrix} = \begin{bmatrix} \exp(t_1/T_{21}) \cdots \exp(t_1/T_{2m}) \\ \exp(t_2/T_{21}) \cdots \exp(t_2/T_{2m}) \\ \vdots \quad \cdots \quad \vdots \\ \exp(t_n/T_{21}) \cdots \exp(t_n/T_{2m}) \end{bmatrix} \begin{bmatrix} f_1 \\ f_2 \\ \vdots \\ f_n \end{bmatrix} \tag{8.6}$$

运用式（8.6）对核磁共振测量所得岩石原始回波串衰减图谱进行反演，即得到岩石的 T_2 弛豫时间图谱，如图 8.5 所示，为岩心孔隙饱和水后反演所得的 T_2 弛豫时间谱。该图谱呈三峰分布，通过三峰所占比例可知，该岩心中的孔隙以小孔隙为主。根据该图谱中可得到的岩石物性的基本数据包括孔隙度、渗透率、孔径分布等。

假定岩心中孔隙为圆柱形，则根据式（8.6）有：

$$\frac{1}{T_2} = \rho_2 \frac{2}{r} \tag{8.7}$$

式中，ρ_2 为岩石横向表面弛豫强度系数，$\mu m/ms$；r 为圆柱形孔隙半径，μm。

ρ_2 值由岩石中所含胶结物以及岩石孔隙表面性质决定，该值是将核磁共振设备获得的 T_2 图谱数据转化为孔隙信息数据的关键值，因此很多学者针对岩石中孔隙流体的表面弛豫率 ρ_2 进行了研究。根据岩石对应的岩性选择合适的表面弛豫率（表 8.1），得到岩石中孔隙半径的分布，如图 8.6 所示，岩心孔径表现为三峰分布，孔径分布范围为 $0.0016 \sim 82 \mu m$；其中左峰孔隙半径分布范围为 $0.0016 \sim 0.84 \mu m$；中峰孔隙半径分布范围为 $0.84 \sim 25 \mu m$；右峰孔隙半径分布范围为 $25 \sim 82 \mu m$。

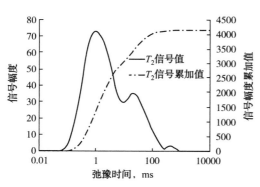

图 8.5 核磁共振测量长庆 105 号
岩石的 T_2 信号值

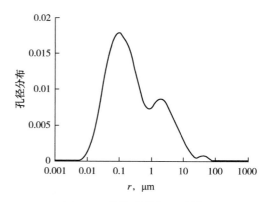

图 8.6 从核磁共振 T_2 数据
反演的孔径分布数据

表8.1 不同岩性岩石对应的表面弛豫率[4-6]

研究者	年份	物质	表面弛豫率 ρ_2，μm/s	$T_2 = 0.01$ms 对应的孔径，nm
Roberts 等	1995	砂岩	$9.0 \sim 46$	$0.18 \sim 0.92$
Kenyon 等	1995	石英	0.83	0.017
Borgia 等	1996	水泥	$0.5 \sim 3.0$	$0.01 \sim 0.06$
Bryar 等	2000	石英砂	$(1.3 \pm 1.5) \times 10^{-2}$	$(2.6 \pm 3.0) \times 10^{-4}$

8.2.3 基于孔径分布数据建模

假定岩心中孔隙为圆柱形，并利用公式获得的岩心孔隙半径分布，与孔隙—裂隙双重网络模型当中的喉道单元结构最为符合，因此，将得到的孔隙半径分布统计数据拟合，并作为基质中喉道半径的概率分布函数。

对图8.7中的三个信号峰值进行数据拟合，发现三个峰值的分布均符合对数正态分布，如图8.8所示，可得到三个峰的均值和标准差：左峰均值为-0.67μm，标准差为1.2；中峰均值为1.9μm，标准差为1.1；右峰均值为3.8μm，标准差为0.38。将拟合所得数据作为统计数据赋值给模型中的喉道半径。

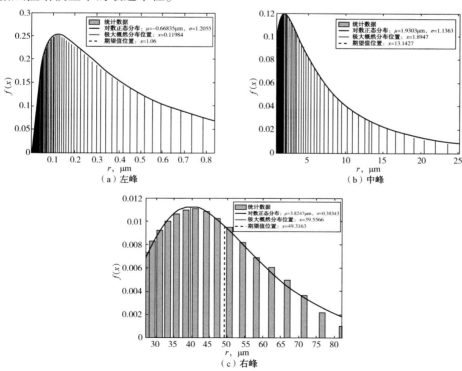

图8.7 拟合所得双峰对数分布数据与孔径分布数据对比图

将以上三个对数正态分布作为概率密度函数，随机抽取与信号幅度相对应的数据值，图 8.7 中 T_2 弛豫时间谱的总信号量为 $4.1×10^3$，其中左峰信号量为 $3.0×10^3$（占总信号量的 0.73），中峰信号量为 $1.1×10^3$（占总信号量的 0.26），右峰信号量为 38（占总信号量的 $1.0×10^{-2}$）。因此，从左峰对应的概率密度函数中抽取 $0.73×N$ 个随机半径值，从中峰对应的概率密度函数中抽取 $0.26×N$ 个随机半径值，从右峰对应的概率密度函数中抽取 $1.0×10^{-2}×N$ 个随机半径值。将这 N 个值分别随机赋值给孔隙—裂隙双重网络模型中的喉道半径，调节喉道长度，使模型与真实岩心具有相同的渗透率。基质孔隙中球形孔穴结构的

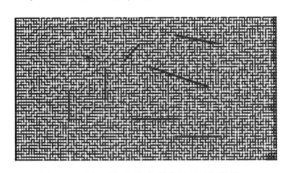

图 8.8　基于孔径分布数据和随机散落的
微裂隙建立孔隙—裂隙双重网络模型

半径略大于喉道半径，由于孔穴结构不影响流体在网络中的流动或驱替路径选择，因此其分布对渗透率的值没有影响。但其值对于网络中驱油效率等存在一定的影响，在建模过程中，按照略大于喉道半径的均匀分布对其进行赋值。在模型中散落随机位置、随机几何参数的裂隙，获得的孔隙—裂隙双重网络模型如图 8.8 所示。

用以上方法建立的孔隙—裂隙双重网络模型反映真实的岩心孔喉半径分布。

8.3　流动机制及宏观参数求解

8.3.1　控制方程

流体流动以及相应的基质和裂隙力学响应（变形、裂缝开裂和裂缝生长等）是孔隙—裂隙双重多孔介质中非常重要的两个物理过程。本章运用解耦方法，研究两相均为理想不可压缩流体注入孔隙—裂隙双重网络模型的准静态模拟过程。

8.3.1.1　喉道和裂隙中的流动方程

以水驱油为例，油为非润湿相，水为润湿相。对于基质喉道中的两相流动，毛细管压力大于黏性力，因此，采用准静态驱替方式进行模拟，即当连接喉道的两个孔穴中充满不同流体且两端压力差超过毛细管压力时，该喉道被含较高压力孔穴中的流体充满，不考虑两相界面在喉道中的流动过程。采用泊肃叶流动公式模拟圆柱管道中的流动，并考虑毛细管压力的影响，将微裂隙中方形管道的流动采用等效半径的圆柱管道流动代替。

喉道中的单相流动方程：

$$q_{ij} = -\frac{r_{ij}^2}{8\mu_{ij}l_{ij}}(p_j-p_i) \tag{8.8}$$

喉道中只存在一个湿相和非湿相界面时的两相流动方程：

$$q_{ij} = -\frac{r_{ij}^2}{8\mu_{ij}l_{ij}}(p_j - p_i - p_c) \tag{8.9}$$

因为前面已假设每个单元只允许被一种流体充填，故当同一个喉道中存在两个或多个界面时，则喉道中流体不能被驱替。故此时，流量乘以系数 10^{-5} 来获得一个极小值，用以消除计算中的奇异性：

$$q_{ij} = -\frac{r_{ij}^2}{8\mu_{ij}l_{ij}}(p_j - p_i - p_c) \times 10^{-5} \tag{8.10}$$

毛细管压力 p_c 的计算式为：

$$p_c = \pm\frac{2\cos\theta\sigma^{wn}}{r} \tag{8.11}$$

由于微裂隙等效半径较大，其毛细管压力相对喉道中的小一个数量级以上，即黏性力占主导地位，因此在计算微裂隙中的流量时忽略毛细管压力，裂隙中的流量表达式为：

$$q_{ij} = -\frac{R_{ij}^2}{8\mu_{ij}L_{ij}}(p_j - p_i) \tag{8.12}$$

其中，q_{ij} 为流体通过单位截面的通量；r_{ij} 和 R_{ij} 分别为喉道和裂隙的半径；l_{ij} 和 L_{ij} 分别为喉道和裂隙的长度；μ_{ij} 为流体的动力黏滞系数；θ 为湿相和非湿相之间的接触角；σ^{wn} 为湿相和非湿相之间的界面张力系数；p_i 和 p_j 分别为节点 i 和 j 处的压力值。当润湿相驱替非润湿相时，取正号"+"；当非润湿相驱替润湿相时，取负号"−"。

考虑流体的不可压缩性，流经（流进及流出）每个节点的总流量 Q 必须为零，因此有：

$$\sum_{j \in N_i} Q_{ij}^{n+1} = 0 \tag{8.13}$$

当模拟中不含裂隙时，将式（8.11）和式（8.12）代入式（8.13），则有：

$$-\sum_{j \in N_i} \frac{\pi r_{ij}^4}{8\bar{\mu}l_{ij}}(p_j - p_i - p_c) = 0 \tag{8.14}$$

当模拟中含有裂隙时，则有：

$$-\sum_{j \in N_i} \frac{\pi r_{ij}^4}{8\bar{\mu}l_{ij}}(p_j - p_i - p_c) - \sum_{j \in N_j} \frac{\pi R_{ij}^4}{8\bar{\mu}L_{ij}}(p_j - p_i) = 0 \tag{8.15}$$

式中，N_i 和 N_j 分别表示喉道和裂隙的总数量。

运用式（8.14）和式（8.15）形成一个节点压力矩阵。采用牛顿迭代算法，得到各孔穴节点的压力和边界流量。

8.3.1.2　压力矩阵求解

改写式（8.14）和式（8.15），其表示成矩阵形式为：

$$\begin{bmatrix} K_{11} & K_{12} & \cdots & K_{1n} \\ K_{21} & K_{22} & \cdots & K_{2n} \\ \vdots & \vdots & \ddots & \vdots \\ K_{n1} & K_{n2} & \cdots & K_{nn} \end{bmatrix} \begin{bmatrix} p_1 \\ p_2 \\ \vdots \\ p_n \end{bmatrix} = \begin{bmatrix} b_1 \\ b_2 \\ \vdots \\ b_n \end{bmatrix} \tag{8.16}$$

其中：

$$K_{ij} = K_{ji} = -\frac{\pi r_{ij}^4}{8\mu_{ij}L_{ij}}, \quad K_{ii} = -\sum_j K_{ij}$$

为消除矩阵中某一主对角线值为零的可能性，计算过程中规定，即使在管道处于不流动状态的情况下其内部仍有微小的流动，以使该方程组的系数矩阵为正定矩阵。

考虑到孔隙—裂隙双重网络模型的边界条件，需对式(8.16)中方程组进行转换。若已知第 i 个节点对应的压力值为 $p_i = p_{i0}$，则将方程组中第 i 个系数 K_{ii} 改为 1，同时系数矩阵的第 i 行和第 i 列除系数 K_{ii} 外均改成 0，运用这样的方式来处理已知的压力边界条件。则式(8.16)可以改写成：

$$\begin{bmatrix} K_{11} & K_{12} & \cdots & 0 & \cdots & K_{1n} \\ K_{21} & K_{22} & \cdots & 0 & \cdots & K_{2n} \\ \vdots & \vdots & \ddots & \vdots & \ddots & \vdots \\ 0 & 0 & \cdots & 1 & \cdots & 0 \\ \vdots & \vdots & \ddots & \vdots & \ddots & \vdots \\ K_{n1} & K_{n2} & \cdots & 0 & \cdots & K_{nn} \end{bmatrix} \begin{bmatrix} p_1 \\ p_2 \\ \vdots \\ p_i \\ \vdots \\ p_n \end{bmatrix} = \begin{bmatrix} -p_{i0}K_{1i} \\ -p_{i0}K_{2i} \\ \vdots \\ p_{i0} \\ \vdots \\ -p_{i0}K_{ni} \end{bmatrix} \tag{8.17}$$

用同样的方法处理所有已知压力的节点边界条件。这样就可分解矩阵，进而求解各点压力和边界流量。进一步采用牛顿迭代法，求解各点压力并得到网络模型中各个单元中的相态组成。

8.3.2　宏观参数计算

8.3.2.1　渗透率

渗透率是通过计算进出口总压差为 Δp_t 时的总流量 Q 得到的。当计算模型中为单相流动时，绝对渗透率是根据达西定律计算所得：

$$K = \frac{Q\mu_i L_t}{\Delta p_t \cdot A_t} \tag{8.18}$$

式中，μ_i 表示流体的黏度；L_t 表示模型的长度；A_t 表示模型的截面面积。

在两相驱替过程中，油相和水相的有效渗透率分别为 K_{eo} 和 K_{ew}，其表达式分别为：

$$K_{eo} = \frac{Q_o\mu_o L_t}{\Delta p_t \cdot A_t} \tag{8.19}$$

$$K_{ew} = \frac{Q_w \mu_w L_t}{\Delta p_t \cdot A_t} \tag{8.20}$$

式中，μ_o 和 μ_w 分别为油相和水相的黏度。

在两相驱替过程中，油相和水相的相对渗透率 K_{ro} 和 K_{rw} 分别为油相和水相的有效渗透率与模型的绝对渗透率的比值：$K_{ri} = \dfrac{K_{ei}}{K}$，其中下标 i 表示油相或水相。

8.3.2.2 水饱和度

在驱替过程中，油相和水相各占据不同的孔穴、喉道和微裂隙空间。油相和水相的饱和度，模拟油气藏生成过程中油相驱替水相之后的束缚水饱和度，以及模拟油气藏开采过程中水相驱替油相过后的残余油饱和度等，均通过式(8.21)进行计算：

$$S_{wk} = 100 \left(1 - \frac{\sum\limits_{i=1}^{m'} \pi r_i^2 l + \sum\limits_{j=1}^{n'} \frac{4}{3} \pi r_j'^3 + \sum\limits_{a=1}^{p'} \pi R_a^2 L}{\sum\limits_{i=1}^{m} \pi r_i^2 l + \sum\limits_{j=1}^{n} \frac{4}{3} \pi r_j'^3 + \sum\limits_{a=1}^{p} \pi R_a^2 L} \right) \tag{8.21}$$

式中，m、n 和 p 分别表示喉道、孔穴和微裂隙单元的总个数；m'、n' 和 p' 分别表示在步骤 k 时，被水充填的喉道、孔穴和微裂隙单元的总个数；r_i、r_j' 和 R_a 分别表示喉道、孔穴和微裂隙单元半径值，孔穴半径服从平均分布，喉道半径服从截断正态分布；l 和 L 分别表示喉道和微裂隙的长度；$\sum\limits_{i=1}^{m} \pi r_i^2 l$、$\sum\limits_{j=1}^{n} \frac{4}{3} \pi r_j'^3$ 和 $\sum\limits_{a=1}^{p} \pi R_a^2 L$ 分别表示喉道、孔穴和微裂隙单元的总体积；$\sum\limits_{i=1}^{m'} \pi r_i^2 l$、$\sum\limits_{j=1}^{n'} \frac{4}{3} \pi r_j'^3$ 和 $\sum\limits_{a=1}^{p'} \pi R_a^2 L$ 分别表示在步骤 k 时，被水相充填的喉道、孔穴和微裂隙单元的总体积。

束缚水饱和度和残余油饱和度也可以通过式(8.21)，在油相驱替水相或水相驱替油相的最后一步计算获得。

8.3.2.3 驱油效率

驱油效率 E_d 表示水相驱替油相的最终驱替程度。在 PFNM 模型中，驱油效率的定义式为：

$$E_d = \frac{1 - S_{wi} - S_{or}}{1 - S_{wi}} \tag{8.22}$$

式中，S_{wi} 表示束缚水饱和度；S_{or} 表示残余油饱和度。

8.3.2.4 渗透率灵敏度

S_{th} 和 S_f 分别为喉道和裂隙的渗透率灵敏度，它们表示喉道或裂隙半径增加后的渗透率增加值除以原始渗透率，其定义式为：

$$S_{th} = \frac{\Delta K_r}{K_0} \tag{8.23}$$

$$S_f = \frac{\Delta K_R}{K_0} \tag{8.24}$$

式中，ΔK_r 和 ΔK_R 分别表示喉道和裂隙半径增加后的渗透率增加值。孔隙—裂隙网络模型程序流程如下：

（1）构筑 PFNM 的孔隙—裂隙网络：首先通过核磁共振、CT 或压汞试验等获得岩石的孔径分布，以及裂缝宽度、方向、条数等基本统计参数，并对岩石的配位数和空间相关性等进行分析，得到实际多孔介质的统计特性和拓扑参数。然后，将所有的统计特性和拓扑参数赋值给程序中的基本单元，再由 8.2 节介绍的方法生成 PFNM。

（2）设定边界条件（通常是将上下边界固定，左右两边界条件为进出口水压力条件），当网络状态稳定下来后即为驱替的初始状态。在当前稳定状态下形成压力流量系数矩阵，以此来求解网络中的压力场分布。

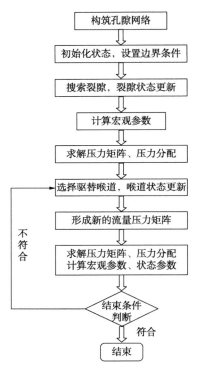

图 8.9　孔隙—裂隙网络模型程序框架

（3）计算绝对渗透率：进行单相微观流动模拟，让润湿相（水相）通过构筑的孔隙—裂隙双重网络，运用式（8.18）和式（8.21）进行计算，获得孔隙度、绝对渗透率等宏观参数。

（4）模拟成藏过程，即油驱替水：孔隙—裂隙网络中初始为充满水的状态，首先进行对网络模型的油驱替水的过程，当模型中不存在符合驱替条件的喉道（即不存在 $p_j - p_i - p_c > 0$ 的喉道）时，认为驱替结束。将此时的基质孔穴、喉道和微裂隙中的油水分布状态作为水驱替油的初始状态，计算出此时的水饱和度，即束缚水饱和度。

（5）模拟开采过程，即水驱替油的过程：步骤（4）结束后，将该时刻的油水分布状态当作初始状态，此时孔隙—裂隙网络中蕴含油相和水相两种流体，此时即为油气藏成藏状态，之后用水相驱替油相，模拟油气藏开采过程，同样直到不存在 $p_j - p_i - p_c > 0$ 的喉道时则认为驱替结束，然后计算此时的油饱和度，即残余油饱和度。

（6）在步骤（1）至（5），将孔隙、裂隙模拟中涉及的所有参数输出，包括油水分布状态、孔穴流体压力分布、相对渗透率等。可绘制 PFNM 的孔隙—裂隙网络图，水相驱油相过程中的相对渗透率曲线，以及计算驱油效率和渗透率灵敏度等参数。

运用 C++进行了孔隙—裂隙双重网络模型的编制，程序流程图（单一水驱油或油驱水过程）如图 8.9 所示。

8.4　模型验证及分析

8.4.1　模型代表尺度计算

目前，对于室内岩心实验的孔隙结构一般通过压汞实验、核磁共振实验或 CT 实验获取，不同的获取方法获得的孔隙结构略有差别，但其在统计规律上服从一定规律，图 8.10 所示为压汞实验获得的喉道半径数据，近似为截断正态分布。

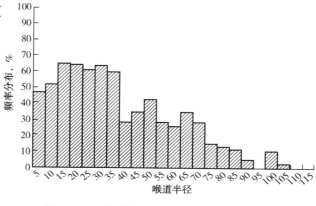

图 8.10　近似截断正态分布的喉道半径分布

图 8.11 所示为由不同数量的基本单元建立起来的不同尺度的 PFNM 模型。在计算过程中，模型的规模应该足够大以消除边界效应。在孔穴半径和喉道半径分别为相同的均匀分布和正态分布情况下，增加计算基本单元的数量，扩大计算尺度，进行一系列的单相流模拟，来获得 PFNM 模型模拟的代表尺度。

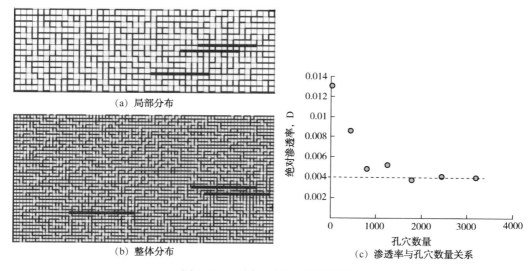

(a) 局部分布

(b) 整体分布

(c) 渗透率与孔穴数量关系

图 8.11　不同尺寸的 PFNM 模型

喉道单元截面的形状为圆管截面，长度固定，半径分布符合截断正态分布，其分布的密度函数为：

$$f(x) = \frac{1}{\sqrt{2\pi}\sigma}\exp\left[-\frac{(x-\mu)^2}{2\sigma^2}\right], \quad r_{thmin} \leqslant x \leqslant r_{thmax} \tag{8.25}$$

进行模型代表尺度计算的算例，喉道半径截断正态分布的均值 μ 为 10μm，标准差 σ 为 6.0，分布范围为 0.1~20μm。

孔穴单元结构为球形，单元半径分布为均匀分布，其密度函数为：

$$p(x) = \frac{1}{r_{pmax} - r_{pmin}}, \quad r_{pmin} \leqslant x \leqslant r_{pmax} \tag{8.26}$$

孔穴半径分布范围是 20~30μm。

设置了 8 种不同孔穴数量的模型进行绝对渗透率的计算，其计算规模=纵向孔穴数量×横向孔穴数量，分别为 5×10、10×20、15×30、20×40、25×50、30×60、35×70 和 40×80，得到绝对渗透率和孔穴数量的关系，如图 8.11(c)所示。在节点数较少的情况下，改变孔穴总数量对渗透率的影响较大，随着孔穴数量的增加，绝对渗透率的波动程度下降。当孔穴数量超过 $1.8×10^3$ 后，绝对渗透率随孔穴数量变化的波动变得很小。因此，在本章的所有计算中，为了消除尺寸效应和边界效应，所用模型的孔穴数量均大于或等于 $1.8×10^3$。

8.4.2　模型验证结果

Kim 和 Deo 提出了一个多孔介质中水相驱替油相的理论模型[7]，模型的计算结果表明，由于裂隙网络的变化引起绝对渗透率的变化，同时也引起驱油效率的变化；变化过程中存在一个转折，这个转折发生在绝对渗透率为 10mD 时左右的位置。当绝对渗透率小于 10mD 时，驱油效率随绝对渗透率增加而增加；当绝对渗透率大于 10mD 时，驱油效率随着绝对渗透率的增加而减小。

通过设置合适的孔穴和喉道半径分布(喉道半径服从截断正态分布，分布范围为 0.1~20μm，标准差为 6.0，均值为 5.0μm；孔穴半径服从均匀分布，分布范围为 20~30μm)，得到基质的渗透率为 0.76mD。通过改变裂隙几何参数，得到了不同绝对渗透率对应的驱油

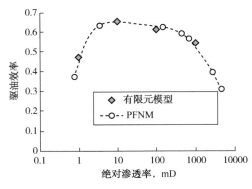

图 8.12　有限元模型和 PFNM 对驱油效率随绝对渗透率变化趋势的对比

效率。同样可以发现，驱油效率与绝对渗透率的关系存在转折，当绝对渗透率较小时，驱油效率随绝对渗透率增加而增加，当绝对渗透率超过 10mD 时，驱油效率随绝对渗透率的增加而减小。同时，研究中发现当绝对渗透率继续增加时，驱油效率迅速降低，即裂隙网络的存在导致驱油效率大幅度下降。

通过 PFNM 模型计算的双重多孔介质驱油效率和绝对渗透率的关系与 Kim 等提出的有限元模型计算结果的对比如图 8.12 所示。由

图 8.12可见，二者驱油效率随绝对渗透率变化趋势一致且吻合较好，验证了本章所建立的 PFNM 模型的可靠性。

8.5 主控参数及影响因素分析

8.5.1 量纲分析

考虑动态开裂的双重网络模型的孔隙结构特征，即弱闭合微裂隙、孔穴、喉道，以及喉道和裂缝中的流体开裂与驱替并进的流动方式。本模型中渗流为含动态裂缝的渗流，流体在具有明显应力响应的孔隙中流动。于是可得到如下因素。

（1）几何量：孔穴半径 r_p，孔穴数量 N_p；喉道半径 r_{th}，喉道长度 l_{th}，喉道数量 N_{th}；闭合微裂隙长度 l_f，闭合微裂隙数量 N_f。

（2）材料参数：水的密度 ρ_w，水的黏度 μ_w；油的密度 ρ_o，油的黏度 μ_o；岩石固体结构的弹性模量 E，闭合裂缝开裂强度 τ_f，岩心孔隙度 ϕ_0，岩心绝对渗透率 K_0。

（3）定解条件：进出口平均压力 $\bar{p}$，围压 σ_c。

（4）因变量：束缚水饱和度 S_{wi}，闭合微裂隙开裂条数 N_{df}，有效渗透率 K_e。

$$
\begin{matrix} N_{df} \\ S_{wi} = f \left\{ \begin{matrix} r_p, & N_p, & r_{th}, & l_{th}, & N_{th}, & l_f, & N_f; \\ \rho_w, & \mu_w; & \rho_o, & \mu_o; & E, & \tau_f, & \phi_0, & K_0; & \bar{p}, & \sigma_c \end{matrix} \right\} \\ K_e \end{matrix} \tag{8.27}
$$

选取基质喉道长度 r_{th}、岩石骨架有效应力 $\sigma_c - \bar{p}$、水密度 ρ_w 为基本单位，进行量纲分析，可得：

$$
\begin{matrix} N_{df} \\ S_{wi} = f \left\{ \dfrac{N_p r_p^3}{N_{th} r_{th}^2 l_{th}}, \ \dfrac{l_f}{r_{th}}, \ N_f; \ \dfrac{\tau_f}{\sigma_c - \bar{p}}, \ \dfrac{E}{\sigma_c - \bar{p}}, \ \dfrac{\rho_w \cdot \Delta p \cdot r_{th}^2}{\mu_w^2}; \ \phi_0 \right\} \\ K_e/K_0 \end{matrix} \tag{8.28}
$$

由此可见，存在 7 个重要无量纲参数，包括：基质孔隙结构与体积分数之比 $\dfrac{N_p r_p^3}{N_{th} r_{th}^2 l_{th}}$，闭合微裂隙尺寸与喉道尺寸之比 $\dfrac{l_f}{r_{th}}$，微裂隙数量 N_f，开裂强度与有效应力之比 $\dfrac{\tau_f}{\sigma_c - \bar{p}}$，变形模量有效应力之比 $\dfrac{E}{\sigma_c - \bar{p}}$，驱替压差与流动黏滞力之比 $\dfrac{\rho_w \cdot \Delta p \cdot r_{th}^2}{\mu_w^2}$，初始孔隙度 ϕ_0。

8.5.2 微裂隙相对长度的影响规律

致密油田是个相对概念，随着国内外油气开采技术的不断发展，致密油气储层的上限也在发生变化，以往渗透率小于 1.0×10^2 mD 的储层称为致密储层，目前国内通常把致密油田的渗透率上限值定义为50mD。李道品在《致密油田高效开发决策论》[8]中将致密油田进行了详细分类，按照渗透率大小共有三种类型，分别为：一类储层，渗透率为10~50mD；二类储层，渗透率为1.0~10mD；三类储层，渗透率为0.1~1.0mD。其中，一类储层由于渗透率偏高，其储层物性与常规储层接近；二类储层为典型的致密储层，该类储层由于渗透率低，通常需要进行压裂处理，以解决自然产能低下的状况，达到储层开采的工业性标准；三类储层属于致密储层，该类型储层孔隙半径极为细小，自然产能几乎没有，需进行大规模压裂以改造储层后进行开采。

致密油藏本身由于地应力、层理、矿物杂质等因素在开采之前就已经存在一定的微裂隙。另外，由于开采过程中用到水力压裂以及伴随油气产出导致微裂隙开裂和闭合等现象，使得储层中产生了多种尺度的裂隙网络，因此研究含基质孔隙和微裂隙的双重介质中水油两相微观渗流机理，弄清微裂隙对于驱油过程的影响非常关键。

当基质储层物性不同时，相同裂隙网络对其储层改造的效果也不一样。有些微裂隙参数对致密储层渗透率和驱油效率的影响相近，有些则由于致密储层孔喉结构的问题有特殊的影响。

为了研究微裂隙参数对不同基质储层的影响，设计了三种不同类型的基质，Type Ⅰ储层渗透率为10~50mD，此类储层的特点与正常储层接近。Type Ⅱ渗透率为1.0~10mD，是低渗透储层；Type Ⅲ储层渗透率为0.1~1.0mD，属于致密储层(表8.2)。

表8.2 不同渗透类型储层基本孔隙参数

渗透率分类	喉道半径（正态分布）	基质孔隙度 %	基质绝对渗透率 mD	基质驱油效率
Type Ⅰ（10~50mD）	0.1~20μm，$\sigma=6.0$，$\mu=10\mu m$	6.1	19	0.38
Type Ⅱ（1.0~10mD）	0.1~20μm，$\sigma=6.0$，$\mu=8\mu m$	4.4	2.2	0.64
Type Ⅲ（0.1~1.0mD）	0.1~20μm，$\sigma=6.0$，$\mu=5\mu m$	3.1	0.76	0.37

在本章计算中，针对相同的基质孔隙结构，研究微裂隙无量纲几何参数(无量纲长度和数量)变化、微裂隙的方向和位置变化、微裂隙长度分形维数对微观水驱油渗流规律的影响，以及引起的绝对渗透率、相对渗透率曲线、驱油效率、孔穴中流体压力分布、驱替结束后模型中的油水分布和无量纲毛细管数的变化情况均进行了详细的研究和分析。

微裂隙的相对长度，即微裂隙长度/模型长度(l_f/L_t)是双重多孔介质渗流中重要的无量纲几何参数之一。本节从微裂隙相对长度对三类基质储层微观渗流的影响规律进行研究和分析，并对微裂隙相对长度改变造成的三类基质储层绝对渗透率、驱油效率、驱替结束后模型中的油水分布情况、孔穴流体压力分布情况以及无量纲毛细管数的影响情况进行了具体研究。

如图 8.13 所示，三类储层的绝对渗透率随微裂隙相对长度的变化有相同的趋势，绝对渗透率随着微裂隙相对长度的增加而增加，当 $l_f/L_t > 0.80$ 时，绝对渗透率值的增加变得更加激烈，出现量级上的差别，与此同时，驱油效率也出现转折。在转折点之前，驱油效率随着微裂隙相对长度的增加而增加，转折点之后驱油效率迅速下降，当微裂隙贯穿整个基质网络时驱替效率下降到大约 0.20。因此，在实际的生产过程中，贯穿裂隙和长裂隙的出现应该引起注意，需要采取适当的措施来解决。

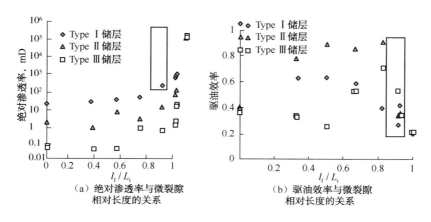

图 8.13 微裂隙相对长度对储层绝对渗透率和驱油效率的影响

以 Type Ⅱ 储层为例，不同微裂隙相对长度下模型水驱油结束后的油水分布状态和孔压分布如图 8.14 所示。随着微裂隙相对长度的增加，水相在喉道中的波及范围逐渐减小，导致驱油效率降低，尤其当 $l_f/L_t > 0.80$ 时，驱替中喉道的参与度明显变小。与油水分布图对应的孔穴流体压力分布图中显示，在微裂隙的起点和终点附近会出现压力梯度集中变化的区域(孔穴流体压力分布图中黑框圈起来的区域)。该区域附近由于存在较大压力梯度，喉道和孔穴中的流体更容易被驱替；与此同时，由于微裂隙的存在导致微裂隙所在区域的压力梯度被抹平，当微裂隙相对长度增加时，在压差被抹平区域内，孔穴和喉道中的油相动用率会极大地下降，因此导致驱油效率降低。

结合油水分布图和孔穴流体压力分布图可知，驱替优先发生在微裂隙中的原因有两个：第一，液体在微裂隙中的流动阻力相对于喉道来说更小；第二，微裂隙两端的压差相对于喉道来说更大，这就使得流体在微裂隙中的流动随着微裂隙相对长度的增加优势更加明显。同时，虽然微裂隙的起点和终点区域的孔喉动用率增加，但微裂隙周围的喉道被绕过，总体上，参与流动的喉道数量变少，更多的油相滞留在孔隙中不被动用，导致驱油效率降低。

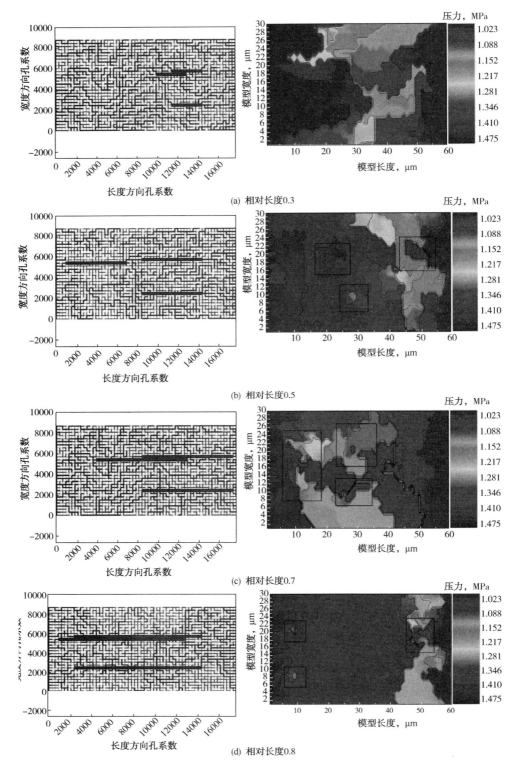

(a) 相对长度0.3

(b) 相对长度0.5

(c) 相对长度0.7

(d) 相对长度0.8

图 8.14 Type Ⅱ储层不同微裂隙相对长度下水驱油结束状态油水分布图和对应的孔压分布图

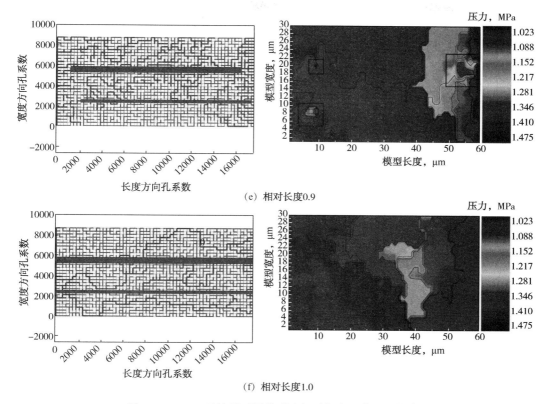

（e）相对长度0.9

（f）相对长度1.0

图8.14　Type Ⅱ储层不同微裂隙相对长度下水驱油结束
状态油水分布图和对应的孔压分布图(续)

当微裂隙相对长度达到某一值后，流体几乎直接从入口通过微裂隙流至出口，这就是水驱实验中出现的窜流现象，也是实际采油中出现的水力压裂导致大面积油气死区现象。

模拟结果显示，这一微裂隙相对长度值在 $l_f/L_t = 0.80$ 附近，当微裂隙相对长度超过这一值时，需要特别注意水窜的发生。

本章考虑了微裂隙的几何学特征及其在基质中的分布特征，一条微裂隙假定只被一种流体充填。因此，本章选取毛细管数表达式来描述 PFNM 模型中两相流的相关计算。以 Type Ⅰ储层为例，对 PFNM 模型中的毛细管数随微裂隙相对长度变化的趋势进行了研究，研究结果如图 8.15 所示。毛细管数 N_c 随微裂隙相对长度 l_f/L_t 的增加而增加。当 $l_f/L_t > 0.80$ 时，$N_c >$ 1.0×10^{-3}，微裂隙在水驱过程中占据优势地位，导致储层的绝对渗透率迅速增加，而水驱油的驱替效率大幅度下降。

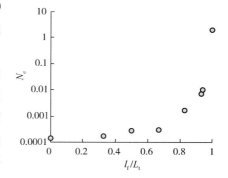

图8.15　Type Ⅰ储层不同微裂隙
长度下的毛细管数

8.5.3 微裂隙密度的影响规律

如图 8.16 所示，三类储层的绝对渗透率都随着微裂隙密度（微裂隙条数/孔穴个数，即 N_f/N_p）的增加而增长。在相同的微裂隙密度下，Type Ⅰ 储层的绝对渗透率最高，而 Type Ⅲ 储层的绝对渗透率最低。这是由于即使微裂隙密度很高，但流体既要流经裂隙网络，也要流经基质孔隙，因此，绝对渗透率的值总是受裂隙和基质孔隙共同影响，基质绝对渗透率会影响到 PFNM 中的绝对渗透率。

如图 8.17 所示，驱油效率随着微裂隙密度的增加呈现出三个不同的阶段，这三个阶段分别为：（1）当 $N_f/N_p<0.10$ 时，驱油效率随着微裂隙密度的增加而迅速增加；（2）当 $0.10<N_f/N_p<0.50$ 时，驱油效率不再随着微裂隙密度的增加而增长，在这一区间中保持一个相对稳定的值，并且三个储层的驱油效率为 Type Ⅰ >Type Ⅱ >Type Ⅲ；（3）当 $N_f/N_p>0.50$ 时，驱油效率呈现出随着微裂隙密度增加而快速减小的趋势，直到驱油效率降至 0.20。

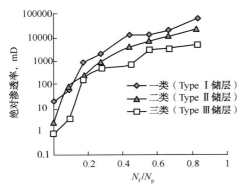

图 8.16　微裂隙密度对绝对渗透率的影响

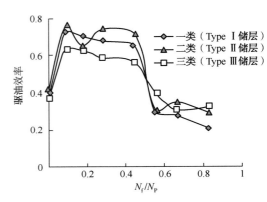

图 8.17　微裂隙密度对驱油效率的影响

这一现象的出现是微裂隙密度增加导致微裂隙之间的连通率增加所致。当 $N_f/N_p<0.10$ 时，微裂隙之间相互连通的概率较小，微裂隙的首尾均与喉道连通，因此，微裂隙密度的增加，提高了喉道在两相渗流中的参与度，更多的喉道被动用，与之相连的孔穴中的油相被驱替；当 $N_f/N_p>0.50$ 时，随着微裂隙密度的增加，微裂隙之间连通的概率增加，微裂隙之间的连通导致了裂隙网络的形成，由微裂隙组成的缝网沿流动方向贯穿整个网络，裂隙网络成为两相渗流的主导通道，压力降集中发生在相互连通的裂隙网络内，导致孔穴和喉道中油相的动用率下降，驱油效率下降。

以 Type Ⅱ 储层为例，在不同微裂隙数量时水驱油结束后的油水分布状态和孔穴中的流体压力分布如图 8.18 所示。

从油水分布状态图中可以发现，随着微裂隙密度的增加，逐渐形成了以微裂隙中流体流动为主的渗流，造成基质孔隙中的孔隙大面积不被动用。从孔穴中的流体压力分布图可以发现，随着微裂隙密度的增加，压力梯度集中变化的区域越来越多，相互之间会产生一定的影响。另外，随着微裂隙密度的增加，高压力区逐渐扩大，在高压力区中压力梯度较小，导致这部分区域基质孔隙中的流体动用困难，从而降低驱油效率。

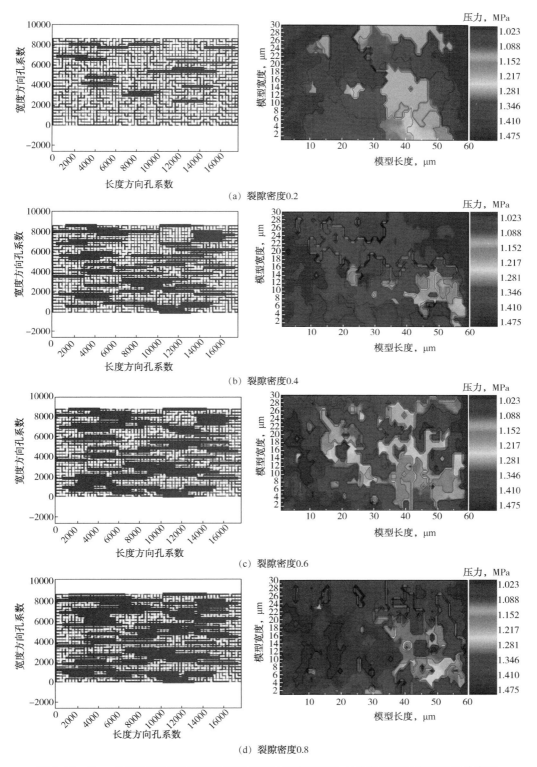

图 8.18　Type Ⅱ 储层不同微裂隙数量下水驱油结束状态油水分布图和对应的孔压分布图

8.5.4 微裂隙方向的影响规律

当微裂隙存在时，在微裂隙的长度和密度满足前两节中微裂隙几何参数可以提高驱油效率的条件下，即 $l_f/L_t<0.80$ 且 $N_f/N_p<0.50$，研究了微裂隙的方向对绝对渗透率和驱油效率的影响规律。

表 8.3 和表 8.4 分别为微裂隙方向对三种不同类型储层的绝对渗透率和驱油效率的影响结果。当微裂隙的方向平行于渗流方向时，Type Ⅰ 储层和 Type Ⅱ 储层的绝对渗透率和驱油效率大大增加，Type Ⅲ 储层的绝对渗透率无明显影响；驱油效率却增加显著；其他方向存在的微裂隙也都增加了储层的绝对渗透率和驱油效率，但均不如平行裂隙明显。由此可见，平行于渗流方向的微裂隙在水驱油过程中比其他方向更具提高渗透率和驱油效率的优势。

表 8.3 裂隙方向对绝对渗透率的影响

算例设置	渗透率，mD		
	Type Ⅰ 储层	Type Ⅱ 储层	Type Ⅲ 储层
无裂隙	19	2.2	0.80
平行裂隙	50	8.3	0.70
垂直裂隙	41	5.2	2.6
混合方向裂隙	38	5.1	0.80
裂隙与驱替方向呈 30° 角	9.8	4.3	0.20

表 8.4 裂隙方向对驱油效率的影响

算例设置	驱油效率		
	Type Ⅰ 储层	Type Ⅱ 储层	Type Ⅲ 储层
无裂隙	0.38	0.64	0.37
平行裂隙	0.89	0.80	0.53
垂直裂隙	0.76	0.80	0.54
混合方向裂隙	0.78	0.77	0.53
裂隙与驱替方向呈 30° 角	0.73	0.66	0.56

以 Type Ⅱ 储层为例，不同微裂隙方向对应的水驱油结束状态油水分布如图 8.19 所示。从图 8.19 中可以看出，在微裂隙参数满足 $l_f/L_t<0.80$ 且 $N_f/N_p<0.50$ 的条件下，基质孔隙中油相的动用率均得到了提高，当微裂隙方向平行于渗流方向时，其喉道中的油相动用率高于其他方向的裂隙。

8.5.5 微裂隙位置的影响规律

在致密油藏开发过程中，由于注水压力高、微裂隙的存在及扩展引起的窜流问题，是导致采油效率大大降低的工程难题之一。

因此，弄清含基质孔隙和微裂隙的双重介质中的微观渗流机理，以及微裂隙对于驱油过程的影响是解决如何提高致密油藏采收率的关键。

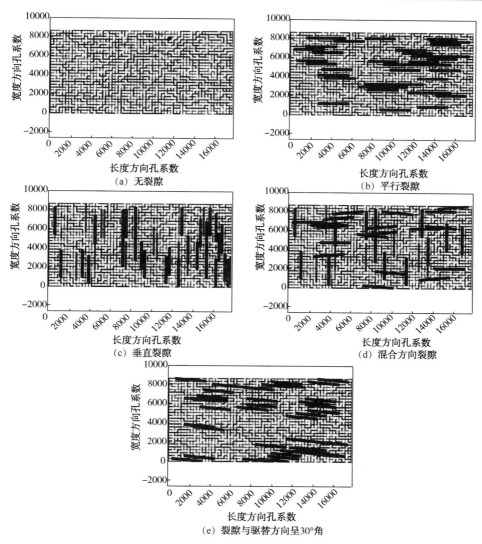

图 8.19　Type Ⅱ 储层不同微裂隙方向对应的水驱油结束状态油水分布图

微裂隙的分布可以提高多孔介质的绝对渗透率，但微裂隙的存在也会引起多孔介质中局部压力场和流场的变化，导致局部流动以微裂隙流动为主，出现局部窜流现象，降低驱油效率。

本章中基于孔隙—裂隙双重介质模型（PFNM），在网络进口设定两条平行等长且具有一定间隔的微裂隙，分析微裂隙的相对间隔 l_p/l_{th}（微裂隙间隔长度/喉道长度）和微裂隙相对长度 l_f/l_{th}（微裂隙长度/喉道长度）对于微观渗流特征的影响，分析这两个参数引起的临界现象，如窜流现象。

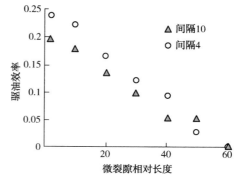

图 8.20　驱油效率随微裂隙相对长度变化趋势

微观尺度的研究一方面可以为宏观渗流计算提供绝对渗透率、相对渗透率等参数，另一方面可以提供宏观渗流分析不能得到的介质非均质引起的渗流特性，如束缚水、残余油等信息。在实际裂隙型致密油藏中，这两类参数在空间上具有不均匀性，因此，本章中的结果可结合测井、钻心测量等数据，为评估油藏的采出程度和提高采收率提供基础的参数。

8.6 孔隙—裂缝特征参数分析

8.6.1 驱油效率

表8.3和表8.4给出了计算中采用的参数。网络孔穴数为30行×60列=1800个。喉道长度为300μm；喉道半径服从正态分布，分布范围为0.1~20μm，均值为10μm，标准差为6.0。孔穴半径服从20~30μm的均匀分布。微裂隙数量为2个，平行于流动方向，微裂隙的相对间隔为4和10，等效半径为100μm。网络模型进口端压力为1.5MPa，出口端压力为1.0MPa，总的压差为0.50MPa。油和水的黏度分别为5.0mPa·s和1.0mPa·s，两相润湿角为30°，界面张力为0.032N/m。

如图8.20所示，两种工况下驱油效率均随微裂隙相对长度的增加而减小。主要原因是在水驱油过程中，随着微裂隙长度的增加，再加上两条平行微裂隙的起点在水相的进口，使裂隙周围孔穴间的压力差较小，克服不了毛细管压力，驱替相率先在微裂隙中流动，并在微裂隙的末端继续驱替油相，从而绕过微裂隙末端之前的孔穴和喉道。微裂隙越长，水相驱替油相过程中波及不到的孔穴和喉道越多，残余油相越多，因此导致残余油饱和度增加，而驱油效率下降。

另外，当微裂隙相对长度相同时，在$l_p/l_{th}=10$的工况下，模型的驱油效率要普遍低于$l_p/l_{th}=4$的工况，说明微裂隙的相对间隔越大，不能被驱替的油相占据的面积越大，驱油效率越低。在本章中不考虑裂隙间隔过大，两条裂隙之间没有相互影响的情况。

8.6.2 油水分布和孔穴压力分布

为了进一步探究8.5.2节中结果的原因，即微裂隙的相对间隔和相对长度越大，驱替相不能驱替到的面积越大，驱油效率越低，对驱替结束状态对应的油水分布和孔穴压力分布(图8.21、图8.22)进行了分析。

当微裂隙起点位于进口端时，由于微裂隙的存在导致微裂隙末端之前的基质部分孔穴流体压力差很小，即图8.21和图8.22中所示区域Ⅰ位置，出现了较多未被驱替的孔穴和喉道。

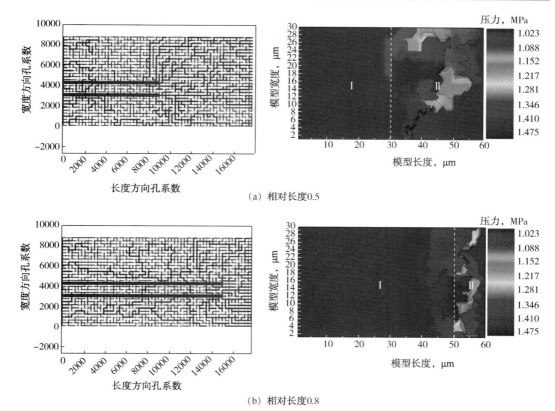

（a）相对长度0.5

（b）相对长度0.8

图8.21 $l_p/l_{th}=4$ 情况下的油水分布和孔穴流体压力分布图

Ⅰ—单相区；Ⅱ—多相区

$l_p/l_{th}=4$ 工况下的孔穴压力分布如图 8.21 所示，$l_p/l_{th}=10$ 工况下的孔穴压力分布如图 8.22所示，对比微裂隙末端附近的孔穴压力分布可以发现，区域Ⅱ位于裂隙末端之后，但在区域Ⅱ中仍然存在小部分基质区域中的孔穴流体压力基本相等，但当 $l_p/l_{th}=10$ 时，区域Ⅱ中压力相等的面积要大于 $l_p/l_{th}=4$ 的工况。说明微裂隙的相对间隔越大，对孔穴中流体压力分布的影响越大，压力相等的面积越大，不能被驱替的油相越多。

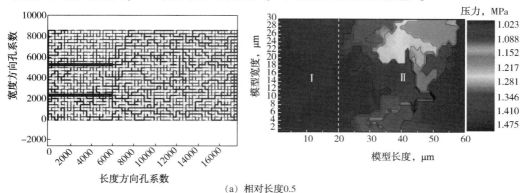

（a）相对长度0.5

图8.22 $l_p/l_{th}=10$ 情况下的油水分布和孔穴流体压力分布图

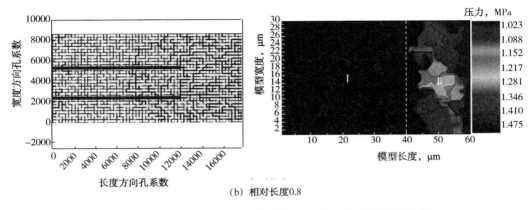

(b) 相对长度0.8

图 8.22 $l_p/l_{th}=10$ 情况下的油水分布和孔穴流体压力分布图(续)

8.6.3 相对渗透率

油水两相的相对渗透率是两相驱替模拟的关键参数。根据驱替过程油水分布和相对渗透率公式[式(8.19)、式(8.20)]可得到相对渗透率曲线。微裂隙相对间隔分别为 4 和 10 时,油水两相相对渗透率变化曲线如图 8.23 所示。随着微裂隙长度的增加,相对渗透率曲线整体向右推移,即束缚水饱和度增加,水驱油初始状态的油相饱和度减小,虽然残余油饱和度减小,根据驱油效率公式[式(8.22)],驱油效率仍然出现减小的趋势。

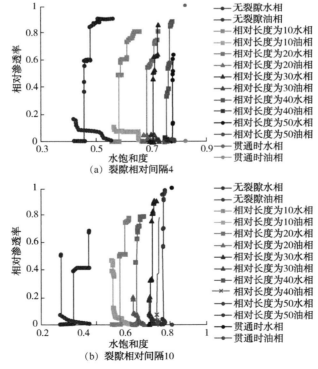

图 8.23 油水两相的相对渗透率随微裂隙相对长度变化曲线

以 $l_p/l_{th}=4$ 的情况为例，等渗点处的相对渗透率值随着裂隙相对长度的增加近似线性减小，而等渗点处的水饱和度近似线性增加。共渗区水饱和度范围大小取为 $1-S_{wi}-S_{or}$，则共渗区范围大小随着微裂隙相对长度的增加而减小，如图 8.24 所示。这些结果与图 8.24 中的油水分布和孔穴压力分布相对应，说明微裂隙的相对间隔距离越大，越容易导致水窜和绕流现象。

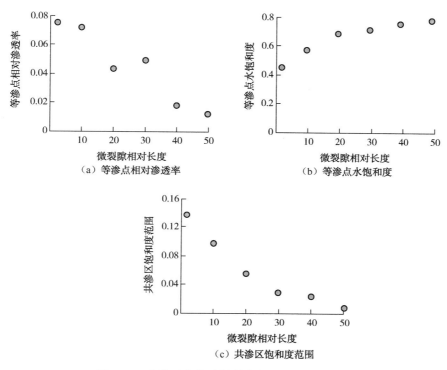

图 8.24　共渗区参数随微裂隙相对长度变化曲线

8.7　小结

研究了与驱替方向平行且起点在进口端的微裂隙对双重多孔介质微观渗流的影响，得到了当微裂隙起点位于进口端时，随着微裂隙相对长度的增加而导致驱油效率降低的现象。微裂隙的存在引起双重多孔介质中局部压力场变化，进而影响整个流场中油水两相流动，导致局部流动以微裂隙流动为主，出现局部窜流现象，从而影响油水两相驱替结果，降低驱油效率。

（1）驱油效率随着微裂隙相对长度的增加而减小，微裂隙的相对间隔越大，驱替相不能驱替的面积越大，导致驱油效率下降。主要机制是微裂隙的存在使得周围基质孔穴压力差相近，克服不了毛细管压力，导致驱替相绕流孔穴和喉道；随着微裂隙长度和相对间距增加，绕流面积增加，大部分油相不能被驱替。

（2）随着微裂隙相对长度增加，束缚水饱和度增加，相对渗透率曲线整体向右偏移；等渗点处的水饱和度增加，而等渗点处的相对渗透率值和共渗区水饱和度范围减小。随着微裂隙相对长度的增加，双重网络的裂隙起点和末端间网络中的流动主要由微裂隙流动控制，而裂隙末端之后网络中的流动由毛细管压力和压差共同控制；随着微裂隙长度的增加，整个网络中的流动以微裂隙流动为主，出现窜流现象，大大降低了驱油效率。

参 考 文 献

[1] Dahle H K, Celia M A. A dynamic network model for two-phaseimmiscible flow[J]. Computational Geosciences, 1999, 3(1): 1-22.

[2] Roberts S, Mcdonald P, Pritchard T. A bulk and spatially resolved NMR relaxation study of sandstone rock plugs[J]. Journal of Magnetic Resonance, Series A, 1995, 116(2): 189-195.

[3] Yang L, Shi X, Ge H K, et al. Quantitative investigation on the characteristics of ions transport into water in gas shale: Marine and continental shale as comparative study[J]. Journal of Natural Gas Science and Engineering, 2017, 46: 251-264.

[4] Kenyon W E, Kolleeny J A. NMR surface relaxivity of calcite with adsorbed Mn^{2+}[J]. Journal of Colloid and Interface Science, 1995, 170(2): 502-514.

[5] Borgia G, Fantazzini P, Palmonari C, et al. Ceramicmicrostructure detected by NMR relaxation and imaging of fluids in the pores[J]. Magnetic Resonance Imaging, 1996, 14(7): 899-901.

[6] Bryar T R, Daughney C J, Knight R J. Paramagnetic effects of iron (Ⅲ) species on nuclear magnetic relaxation of fluid protons in porous media[J]. Journal of Magnetic Resonance, 2000, 142(1): 74-85.

[7] Kim J G, Deo M D. Finite element, discrete-fracture model for multiphase flow in porous media[J]. AIChE Journal, 2000, 46(6): 1120-1130.

[8] 李道品. 致密油田高效开发决策论[M]. 北京：石油工业出版社，2002.